베트남 요리
마스터 클래스

제리 마이 지음
이주민 옮김

미슐랭 출신
셰프에게 배우는
베트남 현지 레시피

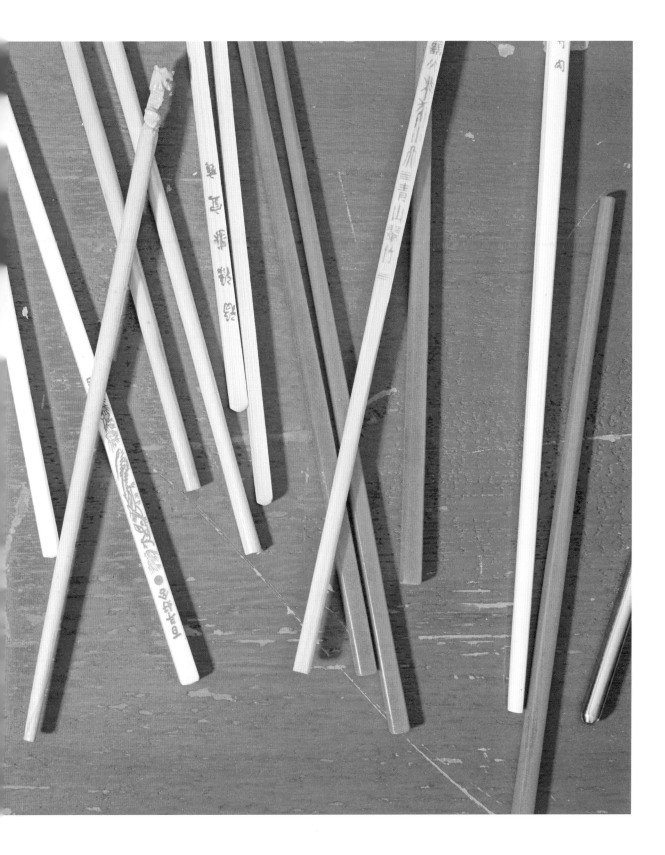

목차

들어가는 글

나는 1970년대 후반 베트남에서 태어났고 1984년 가족과 함께 호주로 이주했다. 이후 1992년, 열다섯 살이 되었을 때 고향인 베트남에 가게 되었다. 이 여행은 내게 믿을 수 없는 맛과 냄새와 사람들 그리고 엄청난 교통체증까지 압도적인 경험을 선사했다. 그곳에서 다양한 길거리 음식을 처음 접한 순간, 나는 베트남 음식의 매력에 푹 빠져버렸다. 거리에는 셀 수 없이 많은 음식을 파는 노점상들이 늘어서 있었는데, 그중에는 난생처음 보는 음식도 있었다. 작은 숯불 그릴에서 피어오르는 연기와 고기 굽는 냄새는 나를 노점으로 이끌었고, 나는 그들이 무엇을 만드는지 열심히 지켜보았다.

지난 25년 동안 거리는 변화하고 현대화되었다. 하지만 세월이 흘러도 수많은 현지 음식은 변함없이 그 자리를 지키고 있다(반짝 유행하고 사라진 몇몇 음식도 있었지만). 나는 매년 베트남의 여러 지역을 방문하며 새로운 음식을 경험하는데, 단 한 번도 실망한 적이 없다. 여행에서 발견한 새로운 맛은 셰프인 내게 다시금 열정을 심어 주고, 참신하고 독창적인 방식으로 요리를 재창조할 수 있는 영감을 준다.

이 책에는 베트남 음식에 대한 나의 오랜 사랑이 집약되어 있다. 베트남에 가지 못할 때 늘 염원하던 요리와 내가 운영하는 레스토랑에서 즐겨 만드는 음식이 담겨 있다. 베트남 음식은 나의 요리 세계의 중심이자 영혼이며, 내 정체성의 근간이다.

이 책의 일부 레시피는 내가 자라는 동안 집에서 먹었던 요리다. 어렸을 때 나는 의자 위에 올라서서 어머니가 가족과 친구들을 위해 맛있는 음식을 만드는 걸 지켜보곤 했다. 저녁 식사로 바인쌔오가 나오는 날이면 온 집 안은 신선한 허브 향과 뜨거운 웍에서 반죽이 지글거리며 튀겨지는 소리로 가득 찼다. 바인쌔오를 먹는 밤에는 한 사람씩 돌아가며 반죽을 만들었는데, 마치 의자 뺏기 놀이를 하는 것 같았다. 나는 직접 만들어야 하는 바인쌔오도, 형제들과 함께 누가 가장 잘 만들었는지 경쟁하는 것도 정말 좋았다!

→

여전히 어머니의 집에서 천천히 끓는 쌀국수 향을 맡으면 행복한 어린 시절의 추억이 떠오른다. 그리고 어머니가 이 요리에 얼마나 많은 정성을 쏟았는지 알게 된다. 지금도 나와 형제들은 국물이 다 끓기를 기다렸다가 한 그릇 뚝딱 해치우곤 한다! 이런 날이면 어김없이 엄마가 쌀국수를 끓이고 있다는 소문이 퍼지고, 곧이어 다른 가족과 친구들이 금세 모여든다. 우리는 다 함께 식탁에 둘러앉아 근황을 주고받으며 쌀국수가 완성되기만을 기다린다.

하지만 어머니의 대표 요리는 후띠에우 남방(프놈펜 국수)이다. 어머니는 캄보디아 내전 이후 프놈펜에서 요리를 배웠고, 나중에는 이 국수 요리를 전문으로 하는 식당을 열었다. 내게는 여전히 최고인 어머니의 후띠에우 남방 레시피는 49쪽에서 확인할 수 있다.

당연하게도 어머니는 내가 요리를 평생에 걸쳐 사랑하게 된 주된 영감의 원천이다. 나는 내가 만드는 음식과 레스토랑을 우리 가족이 머무는 주방의 연장선이라고 생각한다. 그곳에서 나의 성장 배경이 된 문화와 어릴 때부터 사랑했던 요리를 사람들과 나눈다. 베트남 음식에 대한 집착은 나의 첫 번째 레스토랑인 '퍼 놈Pho Nom'을 열게 된 계기가 되었다. 이후 동남아시아 요리에 대한 이해와 지식을 넓히기 위해 베트남의 주변 국가로 눈을 돌리기 시작했다. 이 경험을 바탕으로 레스토랑 '안남Annam'을 오픈해 베트남 요리뿐만 아니라 동남아시아 전 지역의 다양한 요리를 선보였다.

음식에 대한 추억은 매우 강렬하다. 때로 우리를 어린 시절로 데려가 어머니나 할머니 무릎으로 이끌고, 어느 날은 추억 속 음식을 찾기 위해 여행을 떠나게 한다. 또한 시간이 멈춘 듯한 독특한 장소로 우리를 이끌기도 한다. 이 책은 음식에 관한 나의 추억으로 가득하지만, 여기에 실린 레시피를 통해 여러분도 새로운 추억을 만들거나 묻어두었던 추억을 되살리길 바란다. 부디 이 책이 여러분에게 맛있는 식탁을 선물하길!

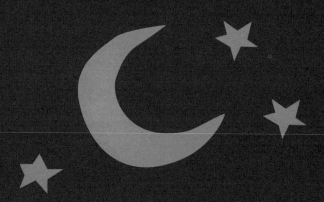

베트남식 팬트리

이 책의 레시피에 등장하는 기본 재료와 도구는 베트남의 모든 주방에서 찾을 수 있는 것들이다. 대부분 가까운 아시아 슈퍼마켓에서 구할 수 있다.

멸치소스(맘넴MẮM NÊM)

맘넴은 발효된 멸치젓갈이다. 맛과 냄새가 매우 강해 소스로 쓸 때는 주로 희석하여 사용한다.

바나나꽃(밥쭈오이BẮP CHUỐI)

식용 바나나꽃이다. 바깥쪽 잎은 버리고 안쪽 심 부분은 얇게 썰어서 샐러드에 사용한다.

카시아계피(꾸에QUẾ)

시나몬과 비슷한 이 향신료는 수프 혹은 푹 삶은 고기 요리에 특유의 깊은 흙 냄새를 더하는 데 사용한다.

피시소스(느억맘NƯỚC MẮM)

느억맘은 베트남 음식의 정수다. 멸치와 바닷소금을 12~14개월 동안 발효시켜 만든다. 베트남 요리에서 좋은 피시소스는 좋은 올리브 오일만큼이나 중요하다. 피시소스를 구입할 때는 주선Dũ Sơn 또는 레드보트Red Boat와 같은 좋은 품질의 브랜드를 찾아보자. 베트남에서 최고의 느억맘을 생산하는 지역은 푸꾸옥과 판티엣이다. 처음 짜낸 것(엑스트라 버진 올리브 오일에 해당)은 소스나 샐러드를 찍어 먹을 때 쓰고, 두 번째 짜낸 것은 가격이 저렴해 각종 요리에 사용한다. 느억맘을 구매할 때는 원산지가 어디인지, 처음 짜낸 것인지 확인하자.

베트남 당면(미엔MIẾN)

수프에 넣기도 하고 갈거나 다진 고기와 섞어 속을 채우는 요리에 사용한다.

그린 망고(쏘아이싸인XOÀI XANH)

새콤하고 아삭하며 상큼한 망고 향을 가진 그린 망고는 샐러드에 넣어 먹거나 소금, 스리라차칠리소스를 곁들여 간식으로 먹는다.

그린 파파야(두두싸인ĐU ĐÙ XANH)

그린 파파야는 덜 익은 파파야 열매를 말한다. 초록색이며 단단한 것을 고르고, 주황색 흔적이 없는 흰색 과육인지 확인한다.

해선장(솟뜨엉응옷SỐT TƯƠNG NGỌT)

소금에 절인 검은콩과 양파, 마늘로 만든 진하고 달콤한 중국식 바비큐 소스. 베트남에서는 주로 탁자 위에 기본 양념으로 놓이며, 육류, 가금류 및 조개류 요리의 향신료로 사용한다.

기본 육수(꼬피에우찐CỔ PHIẾU CHÍNH)

사용할 때마다 재료를 보충해 끓여서 오랜 시간 동안 '살아 있는' 상태로 이어 온 육수다. 육수를 만들고 재료를 데치는 것부터 육류와 가금류를 끓이는 것까지 다양하게 사용할 수 있다. 마스터 스톡은 닭 육수, 연간장, 진간장, 얼음설탕(록슈거), 카시아계피, 팔각, 오렌지 껍질, 사오싱주(소흥주)로 만들어진다.

공심채(라우무옹RAU MUỐNG)

모닝글로리라고도 알려진 공심채는 베트남 요리에서 주로 볶거나, 식탁에 허브 용도로 준비해두는 채소다. 베트남에서는 공심채 줄기를 가늘게 자를 때 종종 '공심채 채칼'을 사용한다. 간단하지만 기발한 이 도구는 20~30cm 가량의 한쪽 끝이 뾰족한 금속 막대에, 내부에 여러 갈래의 칼날이 있는 둥근 플라스틱이 달려 있다. 공심채 줄기를 막대에 끼우고 플라스틱 안으로 밀어넣으면 칼날이 공심채 줄기를 통과해 가닥가닥 얇게 분리해준다.

굴소스(솟하우SỐT HÀU)

굴 추출물에 설탕과 소금을 섞고 옥수수가루(옥수수 전분)로 걸쭉하게 만든 소스다. 볶음 요리에 잘 어울린다.

쌀가루(봇가오BỘT GẠO)

베트남 요리에서는 일반적으로 반죽을 만들거나 재료를 튀기기 전에 코팅하는 데 사용한다. 밀가루를 대체할 수 있는 훌륭한 글루텐 프리 재료다.

쌀국수(분BÚN)

베트남 요리의 필수품인 쌀국수는 수프, 라이스페이퍼 롤, 샐러드에 널리 쓰인다. 얇은 면부터 두꺼운 면까지 종류가 다양하며, 각종 요리에 사용된다. 면을 선택할 때는 요리에 알맞은 종류를 고르는 것이 중요하다.

라이스페이퍼(바인짱BÁNH TRÁNG)

라이스페이퍼는 베트남 음식의 또 다른 필수품이다. 물에 적시면 부드럽고 매끄러워져 주로 허브, 샐러드, 쌀국수를 감싸는 용도로 사용된다. 라이스페이퍼는 바삭해질 때까지 튀겨서 크래커처럼 먹을 수도 있다. 잘게 썰어 샐러드와 함께 버무려 먹는 것도 새로운 음식 트렌드다.

새우소스 (맘르억MẮM RƯỚC)

새우소스는 베트남 북부 요리에 디핑소스나 마리네이드로 폭넓게 사용한다. 양념에 절인 새우를 으깨서 병에 담아 오랫동안 발효시켜 만든다.

팔각 (까인허이CÁNH HỒI)

끝이 뾰족한 6~8각 모양의 향신료는 시나몬과 정향을 닮은 풍미를 선사한다. 수프와 스튜, 양념장의 맛을 내는 데 사용한다. 퍼(쌀국수)의 필수 재료다.

에그누들 (미쭝MÌ TRỨNG)

중국의 영향을 받은 이 국수는 주로 수프와 볶음 요리에 사용한다.

허브(향신 채소)

향긋한 허브 없이는 베트남 요리가 완성되지 않는다! 신선한 허브는 요리에 활기를 불어넣을 뿐만 아니라 샐러드의 핵심 재료이자 수프와 팬케이크의 곁들임으로도 활용한다.

라롯 (LÁ LÓT)

빈랑 잎(베텔 잎/구장나무 잎)은 쓴맛과 달콤한 향이 특징이다. 베트남 요리에서는 다진 소고기를 감싸 구워 먹거나 볶음 요리에 사용하고, 생으로 먹기도 한다. 또한 즙을 내어 꿀과 섞으면 좋은 강장제 역할을 한다. 잎을 겨자 기름에 담가 따뜻하게 만든 후 가슴 부위에 바르면 기침과 호흡 곤란을 완화하는 데 도움이 된다. 소독제로도 사용한다.

알로카시아 줄기 (박하BẠC HÀ)

길고 스펀지 같은 줄기는 라이스페이퍼 롤에 추가하기 좋다.

민트 (홍루이HÚNG LÙI)

큰 타원형 잎의 민트는 달콤하고 신선한 맛을 지녔다. 일반 민트는 샐러드에 넣거나 식탁 위에 준비해두는 곁들임 허브로 사용한다.

소엽풀 (옹오옴NGÒ OM)

작은 타원형 잎에서 시트러스와 부드러운 커민 향이 난다. 몇몇 수프와 샐러드에 잘 어울린다.

쿨란트로 (옹오가이NGÒ GAI)

길고 좁은 톱니 모양의 잎으로 고수 향이 강하다. 퍼와 여러 수프에 잘 어울린다.

차조기 (띠아또TÍA TÔ)

한 면은 자주색, 반대쪽은 짙은 녹색의 큰 잎으로 후추 향이 난다. 차조기는 일반적으로 샐러드에 넣거나 수프를 먹기 전에 곁들이는 채소로 사용하고, 라이스페이퍼 롤에 싸서 먹기도 한다.

태국 바질 (라우꾸에RAU QUÉ)

퍼와 함께 먹으면 가장 맛있는 태국 바질은 시나몬과 달콤한 팔각 향이 특징이다.

베트남 민트 (라우람RAU RĂM)

매콤하고 후추 향이 나는 베트남 민트는 길고 좁은 잎으로 식별할 수 있다. 샐러드와 소고기 요리에 자주 사용한다.

주방 기구

대부분의 베트남 요리는 몇 가지 기본 주방 용품만 있으면 만들 수 있다. 다음은 모든 베트남 주방에서 볼 수 있는 일상적인 기구들이다.

대나무 찜통

고기, 케이크, 디저트를 찔 때 사용하는 필수 아이템이다. 풍미를 가두고 음식을 촉촉하게 유지한다.

사각 식도

뼈와 큰 고기 조각을 자를 때 사용하는 무거운 칼이다. 더 가벼운 칼은 섬세한 채소 절단에 사용한다.

주방 가위

베트남 가정에서는 채소, 닭고기, 생선 등을 자를 때 칼보다 가위를 더 많이 사용한다. 가위는 사용하기 쉬운 데다 도마를 놓을 만큼 넓은 공간이 필요하지 않아서 베트남 주방처럼 공간이 제한적일 때 이상적이다.

막자사발과 막자 (절구와 절굿공이)

향신료를 갈거나 레몬그라스, 고추, 마늘을 갈아 소스를 만들 때 사용한다. 재료를 빻으면 풍미에 균형이 잡히고 식감이 부드러워진다.

웍

필수 조리 도구로 볶고 찌고 끓이는 다양한 요리에 사용한다.

아침 식사

BREAKFAST

베트남의 아침 식사는 보통 동트기 전부터 이르게 시작된다. 사람들은 해가 뜨기 훨씬 전에 일어나 시장 상인들은 노점을 열고, 노동자들은 출근을 서두르고, 아이들은 등교를 준비하고, 직장인들은 첫 카페인을 찾는다. 아침은 하루 중 가장 선선한 때라서 항상 매우 바쁘다. 날이 더워지면 사람들은 실내로 숨어들기 시작한다.

바쁘고 고된 하루를 시작하려면 아침 식사는 포만감 있는 음식이어야 한다. 달걀프라이와 스테이크부터 여러 종류의 국수와 바인미까지, 저마다의 매력을 가진 다양한 음식을 먹을 수 있어 내가 가장 좋아하는 끼니다. 시간에 쫓기는 사람들은 최고의 패스트푸드인 바인미를 찾는다. 달걀, 차가운 고기 또는 바삭한 돼지고기로 속을 채운 바삭한 바게트는 든든한 아침 식사로 제격이다. 향긋한 퍼(쌀국수)와 다른 종류의 국수같이 좀 더 든든한 요리는 앉아서 먹을 시간이 있는 사람들을 위한 주식이다. 베트남에서는 아침 식사가 보통 오전 9시에 마무리되니 일찍 일어나야 한다. 브런치는 없다!

호찌민 조식 핫플레이트 · 4인분

스테이크용 소고기 4 × 100g,
　얇게 저민 것 또는 플랭크 스테이크*
바닷소금 & 갓 간 백후추
식물성 기름 100ml
달걀 4개
양파 2개, 얇게 썬 것
두툼한 닭 간 파테 4조각(178쪽 참조)
바인미(베트남식 바게트) 4개
마기간장**, 서빙용

곁들임

미니 오이 1개, 어슷썰기 한 것
작은 아이스버그 양상추 1개, 잎만 딴 것
토마토 1개, 얇게 썬 것

나는 이 요리를 좋아해서 호찌민에 올 때마다 먹는다. 지글거리는 핫플레이트가 식탁 위에 놓이면, 바인미를 찢어 고기와 샐러드를 얹은 다음 달걀노른자에 찍어 먹을 때의 행복은 이루 말할 수 없다! 내 아내는 바인미를 반으로 갈라 안에 고기와 샐러드를 넣고 미니 바인미 2개를 만드는 것을 좋아한다. 내가 운영하는 식당에서는 먹기 쉽도록 모든 재료를 빵 안에 넣어 만든다. 바인미를 먹는 방법에는 정답이 없다! 핫플레이트가 없다면 프라이팬을 대신 사용하고, 식탁에서는 음식을 접시에 담아 먹어도 된다.

스테이크에 소금과 후추로 간을 맞춘다.

큰 핫플레이트나 프라이팬을 중강불에 올린다. 기름을 붓고 스테이크를 올린다. 스테이크 옆에 달걀을 깨서 서니 사이드 업(노른자를 터뜨리지 않은 반숙 상태)으로 익힌다. 핫플레이트 한쪽에 얇게 썬 양파를 올리고 부드러워질 때까지 뒤집어가며 익힌다. 스테이크를 뒤집고 취향에 맞는 익힘 정도까지 굽는다(미디엄 레어를 추천한다).

익힌 양파 위에 파테를 얹고 소금과 후추로 간한다. 핫플레이트를 테이블로 가져가거나, 접시 4개에 스테이크, 달걀, 파테를 얹은 양파를 나눠 담는다. 바인미, 곁들임, 마기간장을 식탁 중앙에 놓고 각자 덜어 먹는다.

* 소의 복부 근육에서 추출한 부위로 치마살 등으로 불린다.

** Nestle 사의 Maggi Soy Sauce.

BÒ NÉ SAIGON

보네 사이공

PHỞ BÒ 퍼보

소고기 쌀국수 • 8-10인분   BEEF PHO

생퍼(생쌀국수) 2kg*
소고기 우둔살 1kg, 아주 얇게 썬 것
양파 1개, 얇게 썬 것
대파 1단, 얇게 썬 것
고수 1단, 잎만 딴 것

육수

소 사골 5kg
생강 200g, 껍질을 벗기지 않은 것
큰 양파 2개, 껍질을 벗기지 않은 것
통마늘 1개, 껍질을 벗기지 않고 반으로
　자른 것
소고기 양지머리 500g
소꼬리 1kg
팔각 15개
블랙카더몬 꼬투리 2개
카시아계피 스틱 2개
정향 4쪽
고수 씨 1TS
바닷소금 60g
피시소스 200ml
캐스터(극세)설탕 50g(필요한 경우)

곁들임

숙주 1kg
태국 바질 2단
레몬 2개, 웨지로 자른 것
새눈고추 6개, 슬라이스한 것
해선장
스리라차칠리소스
피시소스

퍼보는 내가 가장 좋아하는 쌀국수로 소고기 풍미가 가득하다. 국물 위에 뜨는 지방을 '황금층'이라고 하는데, 이 지방이 퍼보에 독특한 향을 선사한다.

육수를 만들기 위해 사골을 헹궈 피와 자질구레한 조각을 제거한다. 10L 냄비에 넣고 사골이 잠길 만큼 찬물을 붓는다. 강불에 올려 뼈에서 피가 더 이상 나오지 않을 때까지 20~30분간 끓인다. 국물을 버리고 뼈에 남은 핏물이나 불순물을 헹군다. 뼈를 깨끗한 육수 냄비에 다시 넣고, 물을 냄비 가득 부은 다음 다시 끓인다.

그동안 생강, 양파, 마늘은 가스레인지나 숯불에 직화로 굽거나 그릴(브로일러) 아래에서 껍질이 까맣게 그을릴 때까지 굽는다. 양지머리, 소꼬리와 함께 육수에 넣는다. 수면에 떠오르는 불순물을 제거하면서 고기가 부드러워질 때까지 약 3시간 동안 끓인다. 육수에서 양지머리를 건져 식힌 다음 나중에 국물에 사용할 수 있도록 냉장고에 보관한다. 소꼬리는 육수에 그대로 담가둔다.

육수를 다시 끓여서 떠오르는 불순물을 계속 제거한다. 국물이 20~30% 줄어들 때까지 중불에서 7~8시간 더 끓인다.

5~6시간이 지나면, 팔각, 카더몬 꼬투리, 카시아계피, 정향, 고수 씨를 마른 프라이팬에 넣고 향이 날 때까지 중불에서 가볍게 볶는다. 향신료를 면포에 넣고 묶어 육수에 넣고 몇 시간 동안 더 끓인다.

육수가 완성되면 건더기를 제거한다. 육수를 고운체에 걸러 깨끗한 냄비에 담는다. 소금과 피시소스로 간을 맞추고 단맛이 조금 더 필요하면 설탕을 추가한다. 약불로 줄여 식탁에 낼 때까지 끓인다.

큰 냄비에 물을 넣고 끓인다. 국수 건지개를 사용하여 국수(1인당 약 120~150g)를 10초간 데친 다음 큰 국수 그릇에 옮겨 담는다.

양지머리를 2mm 두께로 썰어 그릇에 골고루 나눠 담는다. 얇게 썬 우둔살, 양파, 파, 고수를 얹는다. 소고기가 익을 정도로 뜨거운 육수를 국자로 떠서 그릇에 담는다.

접시에 곁들임 재료를 담고 식탁 중앙에 놓는다. 쌀국수를 내고 각자 양념할 수 있도록 한다.

* 생쌀국수를 구할 수 없다면 얇은 건조 쌀국수(팟타이 면이라고도 한다)를 사용해도 된다. 포장지에 적힌 지침에 따라 조리한 후 물기를 빼고 국수 그릇에 나눠 담는다. 국수를 삶을 때는 국수 건지개를 이용하면 편하다.

생퍼(생쌀국수) 2kg*
양파 1개, 얇게 썬 것
대파 1단, 얇게 썬 것
고수 1단, 잎만 딴 것

육수

닭 뼈 3kg
노계 또는 산란계 1마리(선택)
생강 200g, 껍질을 벗기지 않은 것
양파 2개, 껍질을 벗기지 않은 것
통마늘 1개, 껍질을 벗기지 않고 반으로
　자른 것
자연방목 닭 1마리(1kg)
팔각 6개
블랙카더몬 꼬투리 2개
작은 카시아계피 스틱 1개
고수 씨 50g
바닷소금 3TS
피시소스 200ml
캐스터(극세)설탕 50g

곁들임

숙주 1kg
태국 바질 2단
새눈고추 6개, 슬라이스한 것
레몬 3개, 웨지로 자른 것
스리라차칠리소스
해선장
레몬그라스 사테(176쪽 참조)
피시소스

쌀국수를 처음 접하는 사람들에게는 훌륭한 입문용 메뉴다. 퍼가는 섬세하고 담백한 맛의 국물이 곁들임 재료의 강렬한 맛과 멋진 대조를 이룬다.

육수를 만들기 위해 닭 뼈를 헹궈 핏물과 파편을 제거한다. 10L 냄비에 넣고 뼈가 잠길 만큼 찬물을 채운다. 강불에 올려 뼈에서 피가 더 이상 나오지 않을 때까지 20~30분간 끓인다. 국물을 버리고 뼈에 남은 핏물이나 불순물을 헹군다. 뼈를 깨끗한 육수 냄비에 다시 넣고, 노계 1마리가 있다면 같이 넣는다. 냄비 가득 물을 붓고 다시 끓인다.

그동안 생강, 양파, 마늘은 가스레인지나 숯불에 직화로 굽거나 그릴(브로일러) 아래에서 껍질에 기포가 생기고 향이 날 때까지 굽는다. 탄 부분을 씻어내고 닭 1마리와 함께 육수에 통째로 넣는다. 닭이 완전히 익을 때까지 15~20분간 끓인 다음 육수에서 건져 식힌다.

뼈에서 고기를 발라내고 뼈를 육수에 다시 넣는다. 고기는 작은 조각으로 찢어 따로 보관한다.

팔각, 카더몬 꼬투리, 카시아계피, 고수 씨를 마른 프라이팬에 넣고 향이 날 때까지 중불에서 볶는다. 향신료를 면포에 넣고 묶어 육수에 넣는다. 국물이 20~30% 줄어들 때까지 중불에서 4~5시간 더 끓인다.

육수가 완성되면 뼈, 노계, 향신료를 제거한다. 육수를 고운체에 걸러 깨끗한 냄비에 담는다. 소금, 피시소스, 설탕으로 간을 맞춘다. 약불로 줄여 식탁에 낼 때까지 끓인다.

큰 냄비에 물을 넣고 끓인다. 국수(1인당 약 120~150g)를 10초간 데친 다음 큰 국수 그릇에 옮겨 담는다. 닭고기를 그릇에 골고루 나눠 담고 뜨거운 육수를 부어 양파, 파, 고수를 얹는다.

접시에 곁들임 재료를 담고 식탁 중앙에 놓는다. 쌀국수를 내고 각자 양념할 수 있도록 한다.

* 생쌀국수를 구할 수 없다면 얇은 건조 쌀국수(팟타이 면이라고도 한다)를 사용해도 된다. 포장지에 적힌 지침에 따라 조리한 후 물기를 빼고 국수 그릇에 나눠 담는다. 국수를 삶을 때는 국수 건지개를 이용하면 편하다.

퍼가 PHỞ GÀ

PHỞ CHAY 퍼짜이

버섯 두부 쌀국수 • 6-8인분

생퍼(생쌀국수) 1kg*
유기농 두부 500g, 2cm로 깍둑썰기한 것
팽이버섯 200g, 몇 갈래로 찢은 것
느타리버섯 200g
적양파 1개, 얇게 썬 것
대파 1단, 얇게 썬 것
고수 1단, 잎만 딴 것

채수

당근 2개
작은 배추 1개
양배추 ½개
생강 250g, 껍질을 벗기지 않은 것
양파 1개, 껍질을 벗기지 않은 것
통마늘 1개, 껍질을 벗기지 않고 반으로
  자른 것
팔각 4개
블랙카더몬 꼬투리 1개
카시아계피 스틱 1개
고수 씨 50g
바닷소금 3TS, 취향에 따라
캐스터(극세)설탕 1TS, 취향에 따라

곁들임

숙주 500g
태국 바질 1단
새눈고추 5개, 슬라이스한 것
레몬 3개, 웨지로 자른 것
해선장

퍼짜이는 고기를 먹지 않는 사람들에게도 훌륭한 선택이다. 취향에 따라 국물에 다른 채소를 추가해도 좋지만 뿌리채소와 양배추를 넣으면 더 균형 잡힌 맛을 낼 수 있다.

채수를 만들기 위해 당근, 배추, 양배추를 10L 냄비에 넣고 냄비 가득 물을 채운다. 강불에 올려 끓인 다음 떠오르는 불순물을 제거한다. 한소끔 끓어오르면 불을 줄인다.

그동안 생강, 양파, 마늘은 가스레인지나 숯불에 직화로 굽거나 또는 그릴(브로일러) 아래에서 껍질에 기포가 생기고 향이 날 때까지 굽는다. 탄 부분을 씻어내고 통째로 채수에 넣는다.

팔각, 카더몬 꼬투리, 카시아계피, 고수 씨를 마른 프라이팬에 넣고 향이 날 때까지 중불에서 굽는다. 향신료를 사각 면포에 넣고 묶어 채수에 넣는다. 국물이 20~30% 줄어들 때까지 중불에서 3~4시간 동안 계속 끓인다. 채수를 깨끗한 냄비에 걸러서 소금과 설탕으로 간을 맞춘다. 채수를 다시 끓인다. 건더기는 제거한다.

큰 냄비에 물을 넣고 끓인다. 국수(1인당 약 120~150g)를 10초간 데친 다음 큰 국수 그릇에 옮겨 담는다. 두부와 버섯을 그릇에 골고루 나눠 담고 뜨거운 채수를 부어 양파, 파, 고수를 얹는다.

접시에 곁들임 재료를 담고 식탁 중앙에 놓는다. 쌀국수를 내고 각자 양념할 수 있도록 한다.

* 생쌀국수를 구할 수 없다면 얇은 건조 쌀국수(팟타이 면이라고도 한다)를 사용해도 된다. 포장지에 적힌 지침에 따라 조리한 후 물기를 빼고 국수 그릇에 나눠 담는다. 국수를 삶을 때는 국수 건지개를 이용하면 편하다.

쌀국수를 먹는 방법

쌀국수(퍼)의 좋은 점 중 하나는 취향에 따라 다양하게 변형할 수 있다는 점이다. 매운맛을 좋아한다면? 양념을 마구 더해보자. 단맛을 좋아한다면? 해선장을 조금 추가하면 된다.

쌀국수를 먹을 때 이 팁을 기억해두면 나만의 특별한 퍼 한 그릇을 즐길 수 있을 것이다.

1단계 – 국물 맛보기

모든 쌀국수는 맛이 다 다르니 재료를 추가하기 전에 국물을 먼저 맛보자. 국물의 풍미를 파악하고 완벽한 맛을 내기 위해 무엇을 추가할지 생각해보자.

2단계 – 양념 넣기

쌀국수의 핵심은 맛의 균형을 맞추는 것이다. 내가 좋아하는 조미료는 새콤함을 더하는 신선한 레몬, 짭조름한 맛을 내는 피시소스, 달콤함을 더하는 해선장, 매콤함을 더하는 스리라차칠리소스다. 취향이 무엇인지 파악한 후 조금씩 양을 늘려가며 맛을 보면서 내 입맛을 찾아보자. (팁: 나는 레몬그라스 사테(176쪽 참조), 해선장, 스리라차칠리소스를 섞어 나만의 디핑소스를 만든 후 고기를 찍어 먹는 것을 좋아한다).

3단계 – 신선한 맛 추가하기

이 단계는 쌀국수의 맛을 향상시키기 위해 추가할 수 있는 채소에 대한 것이다. 모든 쌀국수에는 숙주가 필요하다. 얼마나 많이 넣을지는 각자 결정하자. 한 번에 소량의 숙주를 넣으면 국물의 온도를 낮출 수 있다. 나는 항상 태국 바질을 추가하고 신선한 고추를 약간 넣는데, 그러면 국물 맛이 굉장히 신선해진다.

4단계 – 잘 섞어서 맛있게 먹기!

젓가락으로 잘 섞어 후루룩 먹기!

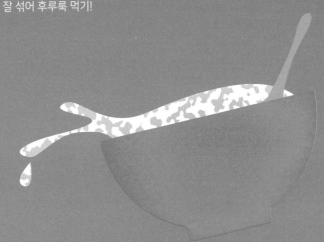

닭죽 • 4인분

재스민쌀(안남미) 200g
바닷소금 2TS
캐스터(극세)설탕 1TS
백후춧가루, 고명용
대파 1단, 얇게 썬 것, 고명용

닭 육수

닭 뼈 1kg
자연방목 닭 1마리(1kg)
양파 1개, 껍질을 벗긴 것
마늘 2쪽

곁들임

레몬 1개, 웨지로 썬 것
새눈고추 4개, 슬라이스한 것(선택)
숙주 200g
튀긴 샬롯 3TS(180쪽 참조)
마기간장

닭죽은 내가 운영하는 레스토랑 안남Annam에서 겨울철에 즐겨 먹는 직원 식사 메뉴다. 따뜻하고 든든하며 포만감을 주는 데다 만들기도 매우 쉽다.

육수를 만들기 위해 닭 뼈를 헹구어 핏물이나 뼛조각을 제거한다. 큰 냄비에 닭 뼈와 닭을 넣고 물 3L를 부어 뚜껑을 덮어 끓인다. 끓어오르면 떠오르는 불순물을 제거하고 약불에서 양파와 마늘을 넣고 30분간 끓인다. 육수에서 닭만 건져 따로 식힌다. 육수를 걸러내고 건더기는 버린다.

냄비에 쌀과 닭 육수 2L를 넣고 쌀이 완전히 익을 때까지 40분간 끓인다. 쌀 덕분에 국물이 걸쭉해져 죽과 비슷해져야 한다. 소금과 설탕으로 간을 맞춘다.

식힌 닭은 살만 찢어 죽에 넣고, 뼈는 버린다.

그릇에 죽을 담고 파와 후춧가루를 뿌린다. 식탁 중앙에 레몬, 새눈고추(사용할 경우), 숙주, 마기간장을 놓고 각자 양념해 먹을 수 있도록 한다.

CHÁO GÀ

짜오가

BÁNH
CUỐN
CUA
바인꾸온 꾸어

쌀피 게살 롤 • 4-5인분

쌀가루 200g
찹쌀가루 60g
식물성 기름 1TS + 살짝 튀기고 바르는
　용도의 여분
바닷소금 1자밤

속 재료

식물성 기름 2TS
생강 1ts, 다진 것
마늘 2쪽, 다진 것
대파 1개, 반달 모양으로 썬 것
백간장 또는 연간장 1TS
다시마 추출 분말 1ts* 또는 바닷소금
　1자밤
생닭게살 또는 양질의 생게살 500g

곁들임

새눈고추 2개, 얇게 썬 것
튀긴 샬롯(180쪽 참조)
느억맘 디핑소스(176쪽 참조)
숙주 180g(2컵), 데친 것
민트 1단
태국 바질 1단

바인꾸온은 전통적으로 아침 식사로 많이 먹지만 하루 종일 즐길 수 있는 음식이다. 이 레시피는 베트남에서 흔히 볼 수 있는 일반적인 아침 식사용보다 조금 더 고급스러운 버전이다. 이대로 요리하려면 반죽을 충분히 숙성하기 위해 전날부터 준비해야 한다.

큰 볼에 쌀가루, 기름, 소금, 물 600ml를 넣고 잘 섞는다. 하룻밤 동안 숙성한다.

속을 만들기 위해 냄비나 큰 팬에 기름을 두르고 중강불에 올린다. 생강, 마늘, 부추를 넣어 향이 나고 부드러워질 때까지 2~3분간 볶는다. 백간장과 다시마 추출 분말로 간한 다음 게살을 넣고 섞어가며 3분간 볶는다. 불을 끄고 식혀서 따로 둔다.

뚜껑이 있는 15cm 팬에 기름 1ts을 두르고 약불에서 가열한다. 쌀가루 반죽 3TS를 붓고 팬을 좌우로 기울여 반죽이 팬 바닥을 덮을 정도로 펼친 다음 뚜껑을 덮고 3~5분간 완전히 익힌다. 완성된 쌀피를 기름을 살짝 바른 접시에 뒤집어 올린 다음 게살 혼합물을 조금 얹고 돌돌 만다(몇 번 정도 해 보면 익숙해지니 인내심을 갖고 해 볼 것).

남은 반죽과 속 재료로 같은 과정을 반복하여 게살 롤 20개를 만든다.

접시에 롤을 담고 얇게 썬 새눈고추, 튀긴 샬롯, 느억맘을 뿌린다. 숙주, 민트, 태국 바질을 곁들인다.

* 다시마 추출 분말은 일본 식료품점에서 구입할 수 있다.

바인미

BANH MI

베트남 사람들은 프랑스 식민주의의 유산인 소박한 바게트를 더 맛있게 개선했다. 겉은 바삭한데 속은 가볍고 폭신한 빵 바인미는 바쁜 사람들이 휴대하기 좋은 다용도 간편식이다. 아침 식사로 먹거나 식사 중간에 간식으로 먹어도 좋다. 바인미에 넣는 속 재료는 무궁무진하지만, 보통 진한 파테와 버bo(마요네즈를 버터 농도로 걸쭉하게 만든 베트남 버터), 피클, 오이, 파가 기본이다. 베트남 파테는 프랑스식보다 투박하며, 빵과 돼지고기 지방을 첨가하여 더 풍부하고 촉촉한 식감을 제공한다. 버는 모든 재료를 결합하는 역할을 하는데, 바인미의 진정한 풍미를 느끼려면 넉넉히 발라 먹기를 추천한다.

바인미에 대한 해석과 조리 방식은 베트남의 지역마다 다르다. 하노이의 바인미는 길고 가늘며 한 종류의 단백질(고기, 달걀 등)과 고수, 파로 속을 간단히 채운다. 베트남 중부, 특히 호이안의 바인미는 빵의 중간이 약간 넓고 끝이 뾰족하며 겉이 더 바삭하다. 속에는 구운 고기를 넣고 고기에서 나온 육즙을 살짝 뿌린 후 고수와 베트남 민트를 채운다. 베트남 남부 호찌민의 바인미는 더 두툼한 데 비해 매우 가볍다. 겉은 바삭하고 속은 구름처럼 가벼운 식감이다. 여기에 버를 듬뿍 바르고 고기와 채소, 허브를 듬뿍 채워서 풍성하고 화려하다. 이 스타일은 베트남 이외의 지역에서 가장 흔히 볼 수 있으며 내가 운영하는 레스토랑 퍼놈에서도 이 방식으로 만든다.

베트남에서 어떤 바인미 노점을 선택해야 할 지 모르겠을 때, 내가 항상 추천하는 팁이 있다. 무조건 사람이 몰리는 곳을 따라갈 것! 최고의 노점상이 붐비는 데는 다 이유가 있는 법이다.

BÁNH MÌ HEO QUAY

바인미 해오꽈이

바인미(베트남식 바게트) 4개
닭 간 파테(178쪽 참조), 바르는 용
베트남 버터(177쪽 참조), 바르는 용
해선장 1TS
미니오이 1개, 웨지로 8등분한 것
대파 2개, 15cm로 자른 것
당근과 무 피클 200g(179쪽 참조)
새눈고추, 슬라이스한 것(선택)
고수 잎(선택)

삼겹살

삼겹살 500g
오향가루 1ts
바닷소금

구운 삼겹살을 바인미에 넣다니! 샌드위치에 이보다 더 훌륭한 속 재료가 있을까?

오븐을 250°C로 예열한다.

삼겹살을 굽기 전, 삼겹살에 오향가루를 문지르고 소금으로 간한다. 비계의 껍질 쪽에 칼집을 내고 소금 2TS로 거칠게 문질러서 바삭하게 익도록 한다. 5분간 따로 둔다.

삼겹살 표면에 올라온 물기를 제거하고 소금을 약간 더 뿌린다. 오븐 트레이에 삼겹살 껍질이 위를 향하도록 올린 다음 오븐에 넣고 껍질이 바삭해질 때까지 30분간 굽는다. 오븐 온도를 180°C로 낮추고 고기가 완전히 익을 때까지 30분간 더 굽는다. 돼지고기를 꺼내 몇 분간 식힌 다음 얇게 썬다.

바인미가 2등분되지 않도록 주의하며 바인미 옆면을 따라 깊게 칼집을 낸다. 아래쪽 빵에 파테와 버터를 넉넉히 바르고 얇게 썬 삼겹살을 올린다. 해선장을 뿌리고 오이, 파, 피클을 올린 다음 고추, 고수를 곁들인다.

달걀프라이 바인미 • 4인분

FRIED EGG BANH MI

식물성 기름 1TS
달걀 8개
바인미(베트남식 바게트) 4개
닭 간 파테(178쪽 참조), 바르는 용,
　채식이라면 생략
베트남 버터(177쪽 참조), 바르는 용
당근과 무 피클 200g(179쪽 참조)
고수 1단
대파 2개, 15cm로 자른 것
미니오이, 웨지로 8등분한 것
마기간장 2~4TS
바닷소금과 백후춧가루(선택)
새눈고추, 얇게 썬 것(선택)

주말이면 아버지가 이 요리를 만들어주었던 기억이 난다. 아버지는 커다란 프라이팬에 모든 달걀을 한꺼번에 깨 넣고, 가장자리가 바삭하게 익으면 마기간장을 뿌렸다. 나와 형제들은 바인미를 손에 쥐고 서서는 달걀이 익자마자 덥석 집어먹을 생각에 한껏 신이 났다. 나는 앉아서 기다릴 수가 없었다. 달걀프라이의 바삭바삭한 부분을 차지하려면 형제들을 제치고 재빨리 움직여야 했기 때문이다.

팬에 기름 1ts을 두르고 중강불에서 가열한다.

달걀 2개를 깨 넣고 가장자리가 바삭하게 익도록 서니 사이드 업(반숙)으로 프라이를 만든다. 키친타월을 깐 접시에 달걀을 올려 기름기를 제거한다. 남은 재료로 총 8개의 달걀프라이를 만든다.

바인미가 2등분되지 않도록 주의하며 바인미 옆면을 따라 깊게 칼집을 낸다. 아래쪽 빵에 파테와 버터를 넉넉히 바르고 피클, 고수 1줌, 파, 오이를 올린다. 달걀프라이 2개를 얹고 마기간장을 약간 뿌린 다음 소금과 후추로 간한다. 취향에 따라 고추를 곁들인다.

42 ★ 아침 식사

BÁNH MÌ ỐP LA

바인미 옵라

BÁNH MÌ
XÍU MẠI 바인미 시우마이

미트볼 바인미 · 4인분

바인미(베트남식 바게트) 4개
닭 간 파테(178쪽 참조), 바르는 용
베트남 버터(177쪽 참조), 바르는 용
당근과 무 피클 200g(179쪽 참조)
고수 크게 1줌
대파 2개, 15cm로 자른 것
미니오이, 웨지로 8등분한 것

미트볼

돼지고기 500g, 다진 것
마름열매(물밤) 200g, 헹구고 물기를
　뺀 후 잘게 다진 것
대파 3개, 얇게 썬 것
샬롯 3개, 잘게 다진 것
마늘 2쪽, 잘게 다진 것
백후춧가루 1ts
피시소스 3TS
캐스터(극세)설탕 1TS
달걀 1개

소스

식물성 기름 3TS
마늘 2쪽, 잘게 다진 것
샬롯 4개, 잘게 다진 것
토마토 1개, 잘게 다진 것
치킨스톡 200ml
토마토페이스트 2TS(농축 퓌레)
피시소스 2TS
캐스터(극세)설탕 1TS
바닷소금 1자밤

씨우마이는 중국과 프랑스 음식의 영향을 받은 베트남 음식이다. 미트볼을 토마토소스에 조린 다음 바삭한 바인미에 넣어 만든 요리다. 이 샌드위치는 내가 추운 계절에 가장 즐기는 음식 중 하나다.

미트볼을 만들기 위해 큰 볼에 미트볼 재료를 모두 넣고 잘 섞는다. 반죽을 그릇 옆면에 단단히 치대며 단백질이 서로 뭉치도록 한다.

대나무 찜통에 유산지를 깔고 끓는 물이 담긴 냄비 위에 올린다. 돼지고기 반죽을 골프공 크기로 굴려 미트볼을 만든다. 찜통에 옮겨 10분간 찐 다음 불을 끈다.

소스를 만들기 위해 무거운 팬에 기름을 두르고 중강불에서 가열한다. 마늘과 샬롯을 넣고 부드러워질 때까지 2~3분간 볶는다. 토마토를 넣고 토마토가 부드럽게 으깨지기 시작할 때까지 4~5분간 더 볶는다. 치킨스톡, 토마토페이스트, 피시소스, 설탕, 소금을 넣고 끓인다. 미트볼을 넣고 불을 줄인 다음 미트볼이 부드러워지고 소스가 걸쭉해질 때까지 15분간 더 끓인다.

바인미가 2등분되지 않도록 주의하며 바인미 옆면을 따라 깊게 칼집을 낸다. 아래쪽 빵에 파테와 버터를 넉넉히 바르고 피클, 고수, 파, 오이를 올린다. 그 위에 미트볼과 소스를 넉넉히 얹는다.

HỦ TIẾU NAM VANG

후띠에우 남방

프놈펜 국수 · 8-10인분

오징어 몸통 1kg, 깨끗이 씻어 손질한 것
새우 16마리, 꼬리는 그대로 둔 채 껍질과
　내장을 제거한 것
돼지 간 300g
돼지고기 500g, 다진 것
얇은 쌀국수 400g
마늘 기름 160ml(180쪽 참조)
대파 1단, 얇게 썬 것, 고명용
고수 1단, 잎만 딴 것, 고명용
백후춧가루 2TS, 고명용
소금에 절인 무 4TS, 얇게 저민 것*

육수

돼지 뼈 2kg
닭 뼈 3kg
돼지고기 등심 1kg
건오징어 2마리, 물에 헹군 것
건새우 40g
무 1개
소금에 절인 무 3통*
통마늘 1통, 반으로 자른 것
바닷소금 60g
피시소스 300ml
캐스터(극세)설탕 150g

곁들임

숙주 1kg
새눈고추 4개, 얇게 썬 것
간장
레몬, 웨지로 썬 것(선택)

우리 부모님은 캄보디아의 프놈펜에서 이 요리만 파는 식당을 운영했다. 후띠에우 남방은 프놈펜에서 유래했는데 '남방'은 실제로 프놈펜을 뜻한다. 이후 이 요리는 베트남으로 전파되었지만, 나는 여전히 어머니가 만드는 버전이 최고라고 믿는다. 이 레시피는 어머니가 내게 가르쳐준 것이다.

육수를 만들기 위해 돼지 뼈와 닭 뼈를 흐르는 찬물에 헹구어 핏물이나 뼛조각을 제거한다. 10L 냄비에 넣고 찬물을 부어 10분간 끓인다. 물을 버리고 뼈에 남은 피와 불순물을 헹군다. 다시 깨끗한 냄비에 뼈를 넣고 돼지 등심을 추가한다. 냄비 가득 물을 채워 끓인 다음 떠오르는 불순물을 제거한다.

끓는 육수에 건오징어, 건새우, 무, 소금에 절인 무, 마늘을 넣고 돼지 등심이 완전히 익을 때까지 45분간 끓인다. 등심을 건져 얼음물이 담긴 그릇에 넣고 10분간 식힌 다음 물기를 제거하고 얇게 썬다.

육수가 20%가량 줄어들 때까지 4~5시간 동안 계속 끓인다. 소금, 피시소스, 설탕으로 간한 다음 육수만 걸러서 깨끗한 냄비에 붓고 건더기는 버린다. 약불에서 따뜻하게 유지한다.

새 냄비에 물을 끓인 다음 오징어와 새우를 넣고 완전히 익을 때까지 3분간 데친다. 오징어와 새우를 건져 곧바로 얼음물에 넣는다. 식으면 물기를 뺀다.

다시 물을 끓인 다음 돼지 간을 넣고 완전히 익을 때까지 약 15분간 삶는다. 건져서 얼음물에 담가 식힌 다음 물기를 빼고 얇게 썬다.

팬에 다진 돼지고기를 넣고 중강불에 올리고 육수 한 국자를 부어 고기를 풀어준다. 돼지고기가 완전히 익을 때까지 5분간 볶아 덜어둔다.

다른 냄비에 물을 끓인다. 국수 건지개가 있다면 국수를 1인분씩 나누어 포장지에 적힌 지침에 따라 한 번에 1인분씩 삶는다. 또는 국수를 한꺼번에 삶은 다음 물기를 빼고 그릇에 재빨리 나눠 담는다. 국수가 서로 달라붙지 않도록 마늘 기름을 살짝 뿌리고, 새우, 오징어, 돼지 간, 돼지 등심, 다진 돼지고기를 얹는다. 국자로 육수를 퍼 담고 파, 고추, 후춧가루, 소금에 절인 무와 남은 마늘 기름을 올린다.

다른 접시에 숙주, 고추, 레몬, 간장을 담아 곁들인 다음 각자 재료와 양념을 추가해 먹는다.

* 소금에 절인 무(salted radish)는 온라인이나 대부분의 아시아 슈퍼마켓에서 구입할 수 있다.

MÌ SỦI
미수이 까오 CẢO

새우 만두를 곁들인 에그누들 • 8-10인분

식물성 기름 2TS
얇은 생에그누들 8~10인분
    (한 덩이가 1인분)
마늘 기름 80ml(180쪽 참조)
돼지고기 바비큐(중국식 바비큐 가게에서
    구입) 300g, 슬라이스한 것
차이니즈 셀러리 1단, 잎만 대충 다진 것,
    고명용

육수

닭 뼈 5kg
무 1개
양파 2개, 껍질을 벗긴 것
통마늘 1통, 반으로 자른 것
바닷소금 60g
캐스터(극세)설탕 150g
피시소스 200ml

새우 만두

새우 500g, 껍질과 내장을 제거한 것
파 2개, 얇게 썬 것
목이버섯 50g, 다진 것
샬롯 1개, 다진 것
마늘 1쪽, 다진 것
백후춧가루 1자밤
피시소스 2TS
캐스터(극세)설탕 1TS
만두피(사각형) 200g

곁들임

숙주 500g
홍고추 4개, 슬라이스한 것
레몬 2개, 웨지로 자른 것
간장

이 레시피는 정말 간단해서 항상 대량으로 만든 후 만두와 함께 소분해 냉동한다.
중요한 일정을 앞두고 있을 때 든든한 아침 식사로 아주 좋다. 육수와 만두를 데우고
국수만 삶으면 완성된다.

육수를 만들기 위해 닭 뼈를 헹구어 핏물이나 뼛조각을 제거한다. 큰 냄비에 뼈를 넣고
찬물 8L를 부은 다음 뚜껑을 덮어 끓이며 떠오르는 불순물을 제거한다. 무, 양파, 마늘을
넣고 불을 줄인 다음 2시간 동안 끓인다.

그사이에 새우 만두를 만들기 위해 칼로 새우살을 대충 으깬다. 큰 볼에 새우살, 파,
목이버섯, 샬롯, 마늘, 백후춧가루를 넣고 잘 섞어 피시소스와 설탕으로 간한다.

만두피 중앙에 만둣속 재료 1ts을 얹는다. 가장자리에 물을 묻히고 대각선으로 반을
접어 삼각형으로 만든다. 만두 속에 공기가 남지 않게 잘 여민다. 모서리에 다시 물을
조금 더 묻힌 다음 모서리를 둥글게 접어 서로 맞닿게 하고 단단히 붙인다. 속 재료와
만두피를 모두 사용할 때까지 같은 과정을 반복한다.

육수가 완성되면 소금, 설탕, 피시소스로 간한다. 육수만 걸러서 깨끗한 냄비에 붓고
건더기는 버린다. 약불에서 따뜻하게 유지한다.

새 냄비에 물을 끓인 다음 만두를 소량씩 넣고 5분간 삶는다. 만두를 건져 접시에 담고
서로 달라붙지 않게 식물성 기름을 살짝 뿌린다.

만두 삶은 물에 에그누들을 한 번에 한 덩이씩 삶는다. 집게로 면을 흔들어가며 전분을
빼낸다. 1분 후 건져 찬물에 헹군 다음 끓는 물에 다시 넣어 15초간 더 삶는다. 건져서
그릇에 담고 마늘 기름을 가볍게 뿌린다. 남은 에그누들을 마저 삶아 마늘 기름을
뿌린다.

에그누들 위에 돼지고기 바비큐와 새우 만두를 올린다. 국자로 육수를 퍼 담고 셀러리
잎을 고명으로 얹는다. 다른 접시에 숙주, 고추, 레몬, 간장을 담아 곁들인 다음 각자
재료와 양념을 추가해 먹는다.

커피 Coffee

베트남에서는 커피 문화가 생활의 큰 부분을 차지한다. 아침의 여가 시간은 종종 커피숍에서 친구를 만나거나 체스를 두거나 세상 돌아가는 일을 구경하는 데 쓰인다.

베트남은 세계 두번째의 커피 생산국이다. 대부분의 커피는 세계적으로 유명한 사향고양이 커피(루왁커피)를 생산하는 달랏 산맥에서 재배된다.

베트남 커피 드리퍼는 저렴하며 대부분의 아시아 슈퍼마켓에서 쉽게 구할 수 있다.

까페 스어다
CÀ PHÊ SỮA ĐÁ

베트남 아이스커피 • 1인분　　　　　　　　　　**VIETNAMESE ICED COFFEE**

연유
베트남 커피가루 2ts
얼음, 서빙용

연유를 유리잔 바닥에 붓는다. 단맛을 좋아하면 원하는 만큼 넣는다!

베트남 커피 드리퍼를 잔 위에 올리고 분쇄한 커피를 숟가락으로 떠 넣은 다음 끓는 물을 가득 채운다.

커피가 잔에 다 떨어지면 드리퍼를 치운다. 연유와 커피를 세게 저어 공기가 잘 들어가도록 한 다음 얼음을 얹어 즐긴다.

스어쭈어 까페
SỮA CHUA CÀ PHÊ

냉동 요구르트 커피 • 1인분
FROZEN YOGHURT COFFEE

베트남 연유 요구르트 3TS(84쪽 참조)
베트남 커피가루 2ts
얼음, 서빙용

요구르트가 얼 때까지 2~3시간 동안 냉동 보관한다.

베트남 커피 드리퍼를 유리잔 위에 올리고 분쇄한 커피를 숟가락으로 떠 넣은 다음 끓는 물을 가득 채운다.

커피가 잔에 다 떨어지면 드리퍼를 치운다. 얼음을 반 정도 채우고 그 위에 얼린 요구르트를 숟가락으로 올리면 완성!

까페 쯩
CÀ PHÊ TRỨNG

달걀 커피 • 1인분
EGG COFFEE

베트남 커피가루 2ts
달걀노른자 2개
연유 3TS

큰 볼에 커피잔을 넣고 뜨거운 물을 붓는다(이렇게 하면 커피가 추출되는 동안 뜨거운 상태를 유지하는 데 도움이 된다). 베트남 커피 드리퍼를 잔 위에 올리고 분쇄한 커피를 숟가락으로 떠 넣은 다음 끓는 물을 가득 채운다.

달걀노른자와 연유를 섞어 가볍고 폭신해질 때까지 힘차게 휘저어 달걀크림을 만든다.

커피가 잔에 다 떨어지면 드리퍼를 치우고 달걀크림을 숟가락으로 조심스럽게 떠서 커피 위에 얹는다.

마실 때는 달콤한 달걀크림을 커피와 함께 저어 마시거나, 숟가락으로 천천히 떠먹으면서 밑에 있는 블랙커피를 마신다.

베트남 아이스커피
VIETNAMESE ICED COFFEE

냉동 요구르트 커피
FROZEN YOGHURT COFFEE

달걀 커피
EGG COFFEE

스트리트 푸드

ON THE STREETS

베트남 사람들이 좋아하는 것 중 하나는 먹는 것이다. 온종일
라이스페이퍼 롤, 스프링 롤, 구운 옥수수, 부드러운 바인배오 같은
간식을 즐기는 사람들을 어렵지 않게 볼 수 있다. 그중에서도 국민 간식은
망고, 구아바, 몸빈(돼지자두) 등 덜 익은 과일을 고추 소금에 찍어 먹는
것이다. 이 조합은 짠맛, 신맛, 매운맛, 단맛이 아삭한 식감과 어우러져
놀라운 맛의 조화를 이룬다.

대부분의 길거리 음식은 특정 시간에만 판매하기 때문에 나는 종종
하루 종일 간식을 쫓아다닐 때도 있다. 찹쌀을 곁들이거나 그냥 먹기도
하는 베트남 연유 요구르트는 주로 아침에 먹고, 바삭바삭한 바인콧과
바인쌔오 같은 팬케이크는 늦은 오후에 즐긴다. 하지만 활기찬 거리로
나가면 시간에 상관없이 언제나 맛있는 먹거리를 발견할 수 있다는
사실은 변함없다.

고소한 미니 코코넛 팬케이크 • 4인분   SAVOURY MINI COCONUT PANCAKES

쌀가루 425g
강황가루 1ts
코코넛크림 250ml
바닷소금 1ts
식물성 기름 1TS
　+ 바르고 튀기는 용도의 여분
작은 새우 25~30마리,
　껍질과 내장을 제거한 것

곁들임

새우가루 3TS(181쪽 참조)
당근과 무 피클(179쪽 참조)
새눈고추, 얇게 썬 것
느억맘 디핑소스 125ml(176쪽 참조)

바인콧은 겉은 바삭하며 속은 진하고 크리미한 훌륭한 간식이다. 이렇게나 만들기 쉬운데도 왜 집에서 자주 만들지 않는지 모르겠다. 매년 뗏 축제(베트남 설날) 중 거리에서 파티가 열릴 때면 나는 바인콧 먹기를 고대하며 베트남을 떠올린다.

볼에 쌀가루, 강황, 코코넛크림, 소금, 물 600ml를 넣고 섞는다. 기름을 넣고 반죽에 덩어리가 생기지 않도록 잘 섞는다. 2시간 이상 숙성한다.

숙성한 반죽을 잘 섞는다.

12구 바인콧 팬*을 중불에 올리고 틀에 기름을 넉넉히 바른다. 바인콧이 동시에 익을 수 있도록 반죽을 숟가락으로 일정하게 떠서 구멍 위까지 가득 채우는 작업을 빠르게 진행한다. 반죽 위에 새우를 올린 다음 뚜껑을 덮어 1분간 굽는다.

다시 뚜껑을 열고 바인콧의 측면에 기름을 살짝 두른다. 기름 덕분에 팬에서 쉽게 분리되고 겉면이 바삭해지는데, 기름을 많이 사용할수록 더 바삭해진다. 반죽이 노릇노릇해질 때까지 7~10분간 계속 굽는다. 숟가락으로 팬케이크를 조심스럽게 꺼내 접시에 담고, 새우가루 ½ts, 피클 몇 조각, 얇게 썬 고추를 얹는다.

느억맘을 뿌려 먹거나 그릇에 덜어 찍어 먹는다(바로 먹는 것이 가장 맛있다). 남은 재료로 바인콧을 계속해서 굽는다.

* 바인콧 팬은 온라인이나 대부분의 아시아 주방용품점에서 구입할 수 있다. 또는 더치팬케이크 팬으로도 충분하다. 어떤 창의적인 요리사가 머핀 틀에 바인콧을 만드는 것을 본 적도 있다.

BÁNH
KHỌT

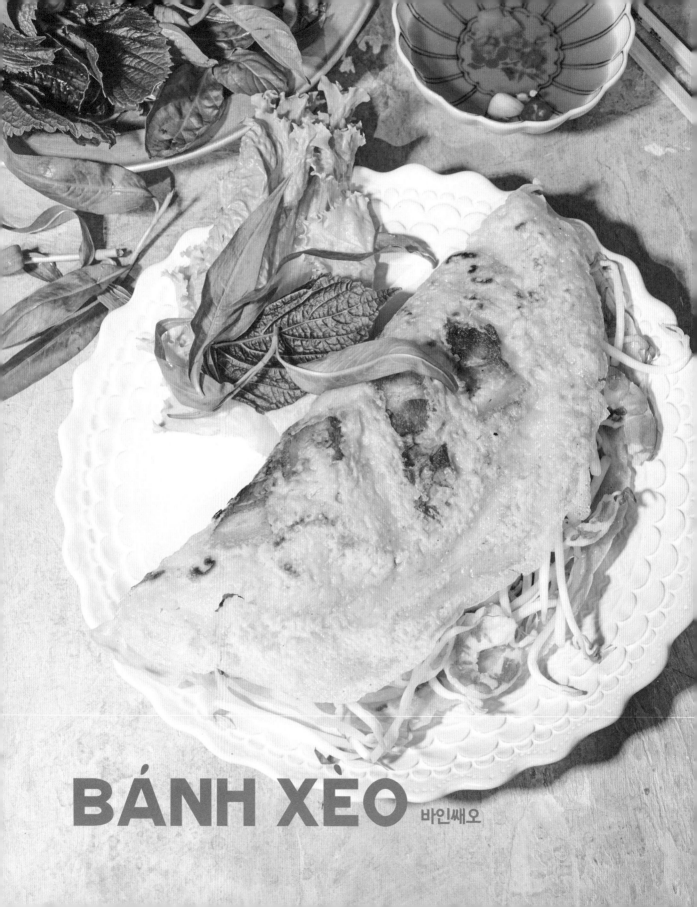

BÁNH XÈO 바인쌔오

바삭한 베트남식 팬케이크 • 4인분　　　CRISPY VIETNAMESE PANCAKES

쌀가루 340g
코코넛밀크 125ml
강황가루 2ts
식물성 기름 2TS
　+ 뿌리는 용도의 여분
바닷소금 1ts
달걀 1개
삼겹살 500g
작은 새우 16마리, 껍질을 벗기고
　내장을 제거해 세로로 반으로 자른 것
숙주 500g

곁들임
상추 또는 겨자 잎
베트남 민트 1단
민트 1단
차조기 1단
느억맘 디핑소스(176쪽 참조)

바인쌔오라는 이름은 뜨거운 프라이팬에 반죽이 부딪히는 소리에서 유래했다('쌔오'는 '지글지글하다'는 뜻). 나는 바삭한 팬케이크를 향긋하고 신선한 허브와 함께 먹는 것을 정말 좋아한다. 내가 바인쌔오와 허브를 상추에 싸 먹는 것을 좋아하는 반면, 엄마는 겨자 잎을 선호한다. 나는 쌈을 최대한 잘 말아서 느억맘에 찍어 먹는데, 너무 많이 찍으면 소스가 팔을 타고 흘러내리곤 한다. 참고로 쌈에 느억맘을 뿌리는 것은 초보자뿐이다. 진정한 베트남 사람이라면 반드시 느억맘소스에 찍어 먹는다!

볼에 밀가루, 코코넛밀크, 강황가루, 기름, 소금, 달걀, 물 600ml를 넣고 섞는다. 3시간 동안 숙성한다.

큰 냄비에 물을 끓이고 소금을 약간 넣는다. 삼겹살을 넣고 불을 줄인 다음 40분간 삶는다. 물기를 빼고 식혀 얇게 썬다.

중간 크기의 팬을 중강불에 올리고 삼겹살을 5~6조각 넣은 다음 살짝 노릇해질 때까지 2~3분간 굽는다. 팬에 약 60ml의 반죽을 붓고 팬을 좌우로 기울여 팬 바닥과 삼겹살을 반죽으로 뒤덮는다(팬에 고인 반죽은 다시 볼에 붓는다. 반죽이 얇을수록 팬케이크가 더 바삭해진다). 팬케이크 바닥이 노릇노릇해질 때까지 5~7분간 구운 다음 팬 안쪽에 기름을 살짝 두른다(이렇게 하면 팬케이크가 더욱 바삭해진다). 팬케이크의 반쪽 위에 새우 4조각과 숙주 한 줌을 뿌리고 그 위를 나머지 반쪽으로 덮는다. 2분간 더 익힌 다음 접시에 담는다(바로 먹는 것이 가장 맛있다).

상추 또는 겨자 잎과 허브를 접시에 담아 식탁 중앙에 놓고 각자 덜어 먹는다. 상추에 팬케이크를 올리고 허브 몇 가지를 얹어 쌈을 싼 다음 느억맘에 찍어 먹는다.

남은 재료로 총 8개의 바인쌔오를 만든다.

새우 고구마튀김 • 4인분

식물성 기름 2L, 튀김용
고구마 500g, 껍질을 벗겨 성냥개비
　모양으로 자른 것
작은 새우 200g

반죽

쌀가루 200g
찹쌀가루 200g
타피오카가루 200g

곁들임

아이스버그 양상추 1개
베트남 민트 1단, 잎만 딴 것
차조기 1단, 잎만 딴 것
느억맘 디핑소스(176쪽 참조)

나는 이 새우튀김을 하노이 서호에서 처음 먹었다. 호숫가에서 새우를 튀기는 아주머니에게서 산 것이었다. 새우튀김 냄새에 이끌린 나는 내 엉덩이보다 훨씬 작은 의자에 앉았다(베트남에서는 이런 일이 자주 있다. 플라스틱 의자를 더 크게 만들었으면 좋겠다!). 그날은 튀김을 정말 많이 먹었는데, 아직까지 그 맛을 잊을 수가 없다. 이 레시피는 그때의 새우튀김을 내 나름대로 재현한 것이다.

큰 볼에 반죽 재료와 물 250ml를 넣고 덩어리가 생기지 않도록 잘 섞는다.

큰 냄비에 기름을 넣고 중강불에 올려 180℃로 가열한다.

반죽에 고구마와 새우를 넣고 섞는다. 반죽을 대략 8덩이로 나누고 그중 4덩이를 숟가락으로 조심스럽게 떠서 기름에 넣는다. 가끔씩 뒤집어가며 노릇하고 바삭해질 때까지 8~10분간 튀겨 건진다. 키친타월을 깐 접시에 올려 기름기를 뺀다. 남은 반죽도 같은 방법으로 튀긴다.

튀김을 큰 접시나 개별 접시에 담아 상추, 베트남 민트, 차조기, 느억맘과 함께 낸다. 양상추에 튀김과 허브 몇 가지를 올려 쌈을 싼 다음 느억맘에 찍어 먹는다.

BÁNH
TÔM 바인똠

BÁNH
BÈO 바인배오

껍질을 벗겨 쪼갠 녹두 100g
돼지 비계 200g, 큼직하게 다진 것
식물성 기름, 바르는 용
새우가루 3TS(181쪽 참조)
파 기름 80ml((177쪽 참조)
느억맘 디핑소스(176쪽 참조), 뿌리고
  찍어 먹는 용

반죽

쌀가루 340g
타피오카가루 2TS
바닷소금 1ts
식물성 기름 2ts

호찌민에 갈 때마다 가장 먼저 들르는 곳은 벤타인 시장에 있는 작은 노점이다.
그곳에서는 엄청나게 맛있는 바인배오를 판다. 주인은 웃음기 없이 바인배오를
굽고, 종업원은 치우고 서빙하느라 분주히 뛰어다닌다. 바인배오는 한 접시만으로는
부족해서 나는 늘 한 접시를 더 주문한다. 언젠가는 주인이 나를 보고 미소 짓는 날이
오길!

큰 볼에 녹두를 넣고 찬물을 채워 밤새 불린다.

다른 큰 볼에 반죽 재료와 물 1L를 넣고 섞는다. 2시간 동안 숙성한다.

그동안 녹두를 건져 냄비에 넣고 물을 부어 뚜껑을 덮는다. 부드러워질 때까지
중약불에서 10~15분간 끓인다. 녹두를 건져서 믹서기로 부드러워질 때까지 간다.

팬에 돼지 비계를 넣고 강불에서 모든 면이 바삭해질 때까지 15~20분간 굽는다.
키친타월을 깐 접시에 옮겨 기름기를 뺀다.

나는 보통 작고 얕은 소스 그릇을 사용해 바인배오를 만든다. 먼저 그릇에 약간의 기름을
바른다(이렇게 하면 바인배오를 익힌 후 쉽게 꺼낼 수 있다). 그릇마다 기름을 다 바른
다음 큰 대나무 찜통 바닥에 그릇을 얹고 각 그릇에 반죽을 2TS씩 얇게 채운다. 끓는
물이 담긴 냄비 위에 찜통를 올리고 떡이 굳을 때까지 10분간 찐다. 그릇에서 떡을
조심스럽게 꺼내고 남은 반죽으로 같은 과정을 반복한다.

녹두페이스트를 숟가락으로 살짝 떠서 떡 위에 올리고 돼지 비계 3~4조각과
새우가루를 얹는다. 바인배오 위에 파 기름과 약간의 느억맘을 뿌리고, 찍어 먹을 수
있는 느억맘을 곁들인다.

* Waterfern Cake(물고사리 케이크)는 바인배오의 학명으로 물고사리 잎이 물 위에
떠 있는 모습과 비슷한 형태에서 유래되었다.

라이스페이퍼

라이스페이퍼는 수많은 베트남 요리의 기본이 되는 재료로 식재료를 감싸고 풍미와 식감을 전달하는 데 사용된다. 우리 모두에게 친숙한 라이스페이퍼 롤을 만들 뿐만 아니라 식탁 중앙에 놓고 허브, 고기, 생선 등을 싸 먹기도 한다.

베트남 시장에서 볼 수 있는 라이스페이퍼는 길고 지루한 수작업 공정의 결과물이다. 먼저 쌀을 갈아서 가루를 낸 다음 반죽을 만든다. 이 반죽을 얇게 펴서 면포를 깐 찜통 위에 올려 몇 분간 찐다. 그런 다음 라이스페이퍼를 대나무 선반에 올려 햇볕에 말린다. 반죽에서 찜통, 대나무 선반으로 이동하는 속도가 매우 빨라서 쉬워 보이지만 절대 그렇지 않다!

진짜 베트남 라이스페이퍼는 우리가 슈퍼마켓에서 구입하는 것보다 훨씬 얇으며, 두께에 따라 찬물이나 따뜻한 물로 다시 수분을 보충해야 한다. 베트남 시장에서 파는 라이스페이퍼는 보통 스펀지에 물을 살짝 묻혀 겉면에 바르거나, 탁자 중앙에 놓은 곁들임 재료의 일부인 파인애플이나 스타프루트 같은 과일로 문질러서 수분을 보충해 사용한다.

나는 베트남 시장에서 얇고 아름다운 라이스페이퍼를 수입한다. 통째로 구운 생선이나 스테이크와 함께 서빙하거나, 파인애플과 그래니 스미스 사과에 곁들이는 것을 좋아한다. 베트남에서 하는 것처럼 라이스페이퍼를 말기 전에 과일로 촉촉하게 적셔서 사용해보길.

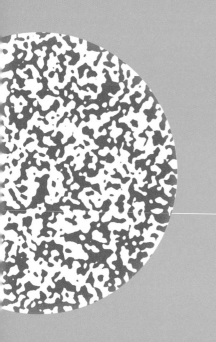

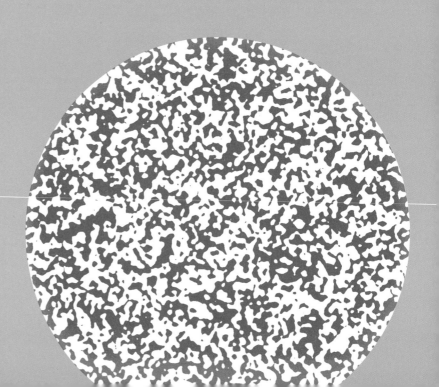

돼지고기 새우 라이스페이퍼 롤 · 12개 분량 PORK AND PRAWN RICE PAPER ROLLS

삼겹살 500g
레몬그라스 줄기 1개,
　흰 부분만 얇게 썬 것
마늘 6쪽, 반으로 자른 것
홍고추 1개, 길게 썬 것
쌀국수 50g
큰 원형 라이스페이퍼 12장
민트 1단, 잎만 딴 것
베트남 민트 1단, 잎만 딴 것
꽃상추 1개, 씻어서 다듬은 것
중간 크기의 새우 12마리,
　껍질과 내장을 제거하고 익혀서
　세로로 반으로 자른 것

해선장 디핑소스

해선장 200ml
코코넛크림 50ml
스리라차칠리소스 1TS
구운 땅콩 3TS(181쪽 참조)

이것은 내가 즐겨 먹는 라이스페이퍼 롤이며 간단하고 독창적인 최고의 레시피다!

냄비에 삼겹살을 넣고 찬물을 채운다. 레몬그라스, 마늘, 고추를 넣고 강불에 올린다. 끓으면 불을 줄이고 돼지고기가 완전히 익을 때까지 30분간 삶는다. 돼지고기를 꺼내 식힌 다음 얇게 썬다.

포장지에 적힌 지침에 따라 국수를 삶는다. 건져서 찬물에 헹궈 물기를 뺀다.

큰 그릇에 찬물을 담는다. 라이스페이퍼, 얇게 썬 돼지고기, 익힌 국수, 두 종류의 민트, 꽃상추, 새우를 준비한다.

라이스페이퍼 한 장을 물 그릇에 담가 양면을 완전히 적신 다음 물기를 살짝 떨어낸다. 라이스페이퍼를 평평하게 펼친다. 라이스페이퍼 중앙에 국수부터 시작해 속 재료를 소량씩 죽 이어 놓는다(나는 상추의 끝부분이 튀어나오도록 남겨두는 것을 좋아한다).

몸과 가장 가까운 쪽에서부터 라이스페이퍼를 조심스럽게 들어올린다. 속 재료를 덮으며 몸에서 멀어지도록 굴린 다음 단단하게 롤을 만든다. 남은 재료로 총 12개의 롤을 완성한다. 기호에 따라 롤을 반으로 자른다.

작은 냄비에 해선장, 코코넛크림, 스리라차를 넣고 약불에서 재료를 저어가며 데운다. 불을 끄고 소스 그릇에 나눠 담는다. 소스에 구운 땅콩을 뿌리고 롤에 곁들인다.

GỎI CUỐN TÔM THỊT HEO

고이꾸온 똠팃해오

GỎI CUỐN
CÁ HỒI 고이꾸온 까호이

연어 사과 라이스페이퍼 롤 · 4인분   SALMON AND APPLE RICE PAPER ROLLS

중간 크기의 원형 라이스페이퍼 12장
껍질 없는 연어 필레 200g,
   2cm 두께로 자른 횟감용
경수채 1개, 씻어서 다듬은 것
그래니 스미스 사과(풋사과) 2개,
   심을 빼고 성냥개비 모양으로 자른 것

고추냉이마요네즈

큐피마요네즈 125g
고추냉이페이스트 2TS

생연어에 풋사과의 아삭하고 새콤한 맛을 더해 나만의 방식으로 재해석한 일본식 라이스페이퍼 롤 레시피다. 라이스페이퍼 롤의 재료를 선택할 때 창의력을 발휘하는 것을 두려워하지 말길. 딱히 정해진 규칙은 없지만, 부드러운 과일은 피하는 것이 좋다.

볼에 마요네즈와 고추냉이를 넣고 섞어 고추냉이마요네즈를 만든다.

큰 그릇에 찬물을 담는다. 라이스페이퍼, 연어, 경수채, 사과를 준비한다.

라이스페이퍼 한 장을 물 그릇에 담가 양면을 적신 다음 물기를 살짝 떨어낸다. 라이스페이퍼를 평평하게 펼친다. 라이스페이퍼 중앙에 경수채와 사과 몇 조각을 이어 놓는다.

몸과 가까운 쪽에서부터 라이스페이퍼를 조심스럽게 들어올린다. 속 재료를 덮으며 몸에서 멀어지도록 굴린 다음 단단하게 롤을 만다. 다 말기 직전에 연어 한 조각을 가로로 놓고 완전히 만다. 남은 재료로 총 12개의 롤을 완성한 다음 김밥처럼 2~3조각으로 자른다.

롤 위에 고추냉이마요네즈를 조금 얹거나 따로 찍어 먹을 수 있도록 소스 그릇에 담아 롤에 곁들인다.

작은 라이스페이퍼 20장
식물성 기름 2L, 튀김용
느억맘 디핑소스(176쪽 참조), 서빙용

속 재료

당면 50g
돼지고기 500g, 간 것
목이버섯 50g, 대강 썬 것
피시소스 1TS + 필요 시 여분
설탕 1TS + 필요 시 여분
백후춧가루 1ts + 필요 시 여분

곁들임

민트 1단
베트남 민트 1단
차조기 1단
아이스버그 양상추 1개, 잎만 딴 것

베트남에서는 다른 동남아시아 국가나 중국에서 흔히 사용하는 얇은 페이스트리 대신 라이스페이퍼를 사용해 전통적인 스프링 롤을 만든다. 튀긴 라이스페이퍼는 대부분의 베트남 사람들이 좋아하는 바삭한 식감과 질감을 선사한다.

속 재료를 만들기 위해 당면을 찬물에 30분간 불린 다음 물기를 빼고 가위로 잘게 자른다.

큰 볼에 당면, 돼지고기, 버섯, 피시소스, 설탕, 백후춧가루를 넣고 잘 섞는다. 작은 팬에 속 재료 2ts을 넣고 중불 또는 전자레인지에서 30초간 익혀서 속 재료의 간을 본다. 필요한 경우 피시소스, 설탕 또는 백후춧가루를 추가하여 단맛과 짠맛의 균형을 맞춘다.

큰 접시에 양상추 잎과 허브를 준비한다.

라이스페이퍼에 가볍게 물을 뿌리고 남은 물기를 닦아낸다. 라이스페이퍼를 평평하게 펼친다. 라이스페이퍼 중앙에 속 재료를 1TS 정도 떠서 올린 다음 단단히 말아가며 양끝을 접어 시가(담배) 모양으로 만든다. 남은 재료로 총 20개의 롤을 만든다.

큰 냄비에 기름을 넣고 180℃로 가열한다.

기름에 롤을 몇 개 넣고 노릇하고 바삭해질 때까지 10~12분간 튀겨 건진다. 키친타월을 깐 접시에 올려 기름기를 제거한다.

튀긴 스프링 롤에 곁들임 재료와 느억맘을 곁들인다. 양상추에 스프링 롤과 허브 몇 가지를 얹어 쌈을 싼 다음 느억맘에 찍어 먹는다.

NEM RÁN 냄란

CHẢ GIÒ CUA VÀ THỊT HEO

짜기오 꾸어바 틷헤오

게살 돼지고기 스프링 롤 • 20개 분량

CRAB AND PORK SPRING ROLLS

중간 크기의 라이스페이퍼 20장
식물성 기름 2L, 튀김용
느억맘 디핑소스(176쪽 참조), 서빙용

게살 돼지고기 속 재료

돼지고기 500g, 간 것
샬롯 2개, 잘게 다진 것
마늘 2쪽, 다진 것
피시소스 2TS + 필요 시 여분
설탕 1TS + 필요 시 여분
백후춧가루 1자밤
목이버섯 50g, 대강 썬 것
신선한 게살 300g

곁들임

아이스버그 양상추 또는 버터헤드
　양상추 1개, 잎만 딴 것
민트 1단, 잎만 딴 것
베트남 민트 1단, 잎만 딴 것
차조기 1단, 잎만 딴 것

몇 년 전 하노이의 구시가지 골목에서 이 요리를 처음 먹었다. 단순하면서도 감칠맛이 있는 데다 바삭바삭한 식감이 환상적이었다. 이 책에 그 맛을 꼭 넣고 싶어서 재현했다.

큰 볼에 게살과 돼지고기 속 재료 중 게살을 제외한 모든 재료를 넣고 잘 섞는다. 작은 팬에 속 재료 2ts을 넣고 중불 또는 전자레인지에서 30초간 익혀 간을 본다. 필요하면 피시소스나 설탕을 추가하여 단맛과 짠맛의 균형을 맞춘다.

큰 접시에 양상추 잎과 허브를 준비한다.

라이스페이퍼에 가볍게 물을 뿌리고 남은 물기를 닦아낸다. 라이스페이퍼를 평평하게 펼친다. 라이스페이퍼 중앙에 속 재료를 1TS 정도 떠서 올리고 그 위에 게살 2ts을 얹는다. 라이스페이퍼의 네 면을 모두 접어 단단한 정사각형을 만든다. 남은 재료로 총 20개의 롤을 만든다.

큰 냄비에 기름을 넣고 180°C로 가열한다.

기름에 롤을 몇 개 넣고 노릇하고 바삭해질 때까지 7~10분간 튀겨 건진다. 키친타월을 깐 접시에 올려 기름기를 제거한다.

튀긴 스프링 롤에 곁들임 재료와 느억맘을 곁들인다. 양상추에 스프링 롤과 허브 몇 가지를 얹어 쌈을 싼 다음 느억맘에 찍어 먹는다.

치즈소스를 바른 구운 옥수수 • 4인분

GRILLED SWEETCORN
WITH LAUGHING COW CHEESE

중국 소시지(라창) 2개, 잘게 다진 것
옥수수 4개, 껍질과 수염을 제거한 것
큐피마요네즈 80g
래핑카우 치즈(삼각형) 4개
파 기름 3TS(177쪽 참조)

구운 옥수수는 베트남 전역에서 인기 있는 길거리 간식이다. 나는 이 클래식 레시피에 큐피마요네즈와 래핑카우 치즈를 더해 새롭게 재해석했다. 이 메뉴는 그 어떤 바비큐 파티에서도 훌륭한 사이드 디시가 된다.

숯불 그릴을 준비하거나 바비큐 그릴을 강불로 예열한다.

작은 팬을 중불에 올리고 소시지를 넣는다. 소시지에서 기름이 나오며 바삭해질 때까지 5~7분간 볶는다. 키친타월을 깐 접시에 올려 기름기를 제거한다.

숯불 그릴의 숯이 작은 불꽃을 튀기며 빨갛게 빛나면 옥수수를 올린다. 자주 뒤집어가며 겉이 살짝 그을리고 옥수수 알이 군데군데 터질 때까지 12~15분간 굽는다.

볼에 마요네즈와 치즈를 넣고 부드러워질 때까지 섞는다. 넓은 접시에 치즈소스를 담고 구운 옥수수를 올려 얇게 코팅하듯 굴린 다음 다진 소시지를 뿌린다.

접시에 옥수수를 담고 파 기름을 뿌린다.

80 ★ 스트리트 푸드

BẮP NƯỚNG PHÔ MAI

밥느엉 포마이

SỮA
CHUA
NẾP
CẤM 스어쭈어 넵껌

찰흑미 요구르트 · 4인분

찰흑미 350g, 찬물에 하룻밤 불린 것
판단 잎 2장
팜슈거가루 60g
바닷소금 1자밤
베트남 연유 요구르트 500g
    (84쪽 참조)

나는 찰흑미의 식감을 좋아한다. 조리 후에도 쫄깃한 식감이 유지되어 부드러운 요구르트와 멋진 대조를 이룬다. 좋아하는 생과일을 자유롭게 추가해보자. 잘 익은 망고는 베트남 사람들이 좋아하는 과일로 이 요리에 특히 잘 어울린다.

불린 쌀을 건져 헹군다. 큰 냄비에 불린 쌀, 판단 잎, 물 1L를 넣고 중강불에 올린다. 바글바글 끓으면 불을 약하게 줄여 30분간 끓인다. 팜슈거가루와 소금을 넣고 밥알에 수분이 흡수되어 부드럽게 익을 때까지 저어가며 20분간 더 끓인다.

찹쌀밥을 숟가락으로 떠서 긴 잔에 담고 베트남 연유 요구르트를 얹는다.

베트남 연유 요구르트 • 12개 분량

VIETNAMESE YOGHURT

연유 395g, 캔에 담긴 것
천연 요구르트 60g
끓는 물

사람들은 베트남 요구르트가 다른 요구르트와 맛이 왜 그렇게 다른지 자주 묻곤 한다. 정답은? 연유를 사용하기 때문이다. 연유는 요구르트를 조금 더 달콤하게 만들 뿐만 아니라 더 걸쭉하게 굳어지도록 돕는다.

큰 볼에 연유를 붓는다. 빈 연유 캔에 뜨거운 물을 채워 연유에 붓는 작업을 두 번 반복한다. 마지막으로 실온의 물을 한 번 더 채워 연유에 붓는다. 잘 섞일 때까지 저은 다음 요구르트를 섞는다. 혼합물을 체에 걸러 12개의 1인분 용기에 나눠 담거나 또는 큰 유리병 하나에 부어 밀봉한다.

큰 냄비에 요구르트 병을 넣고 병의 3/4 높이까지 잠길 만큼 끓는 물을 충분히 붓는다. 뚜껑을 덮고 8시간 또는 가능하면 하룻밤 동안 그대로 둔다.

냄비에서 병을 꺼내 냉장고에 넣고 완전히 굳을 때까지 식힌다.

SỮA CHUA 스어 쭈어

점심 식사 LUNCH

점심은 노동자들에게 짧고 분주한 시간이다. 일상의 업무로 돌아가기
전에 국수 한 그릇이나 밥 한 끼를 서둘러 해치워야 한다. 베트남의
점심 식사는 보통 밥과 다양한 고기를 한 접시에 담아 푸짐하게 구성하는
경우가 많다. 내가 좋아하는 메뉴 중 하나인 껌떰cơm tấm은 구운 폭찹,
미트로프, 잘게 썬 돼지 귀와 샐러드가 함께 제공되는 음식이다. 분보
후에bún bò huế 같은 든든한 국수나 구운 고기에 신선한 누들 샐러드를
곁들이는 분팃느엉bún thịt nướng 같은 메뉴도 한낮의 더위에 딱 맞는
산뜻한 식사다.

BÚN
CHẢ
HANOI 분짜 하노이

돼지고기 500g, 간 것
돼지 비계 50g, 간 것
삼겹살 500g, 얇게 썬 것
쌀국수 100g
닭 육수 250ml(34쪽 참조 또는 시판 육수)
느억맘 디핑소스 250ml(176쪽 참조)

고기 양념

피시소스 200ml
캐스터(극세)설탕 100g
마늘 1~3쪽, 다진 것
샬롯 5개, 다진 것
식물성 기름 3TS
백후춧가루 1자밤

피클

그린 파파야 200g, 얇게 썬 것
당근 1개, 얇게 썬 것
피클 국물 200ml(179쪽 참조)

곁들임

민트 1단
베트남 민트 1단
차조기 1단(선택)

하노이에서 이 요리를 처음 접했을 때 어떻게 먹어야 할지 잘 몰랐다. 남부에서 쌀국수를 먹는 방식과는 정반대였다. 허브와 국수가 각각 나왔고 구운 고기가 담긴 느억맘 국물도 따로 제공됐다. 남부에서처럼 모두 섞어 먹어도 될까? 아니다. 젓가락으로 국수와 허브를 집어 느억맘 국물에 찍어 먹은 다음 고기를 먹는다. 결론은 정말 맛있었다는 것!

작은 볼에 고기 양념 재료를 넣고 섞는다.

큰 볼에 다진 돼지고기, 돼지 비계, 고기 양념의 절반을 붓고 버무린다. 볼 측면을 몇 번 두드려 공기를 제거한다(이렇게 하면 구울 때 반죽이 떨어져 나가는 것을 방지한다). 냉장고에 넣고 최소 3시간 이상, 가급적 하룻밤 동안 재운다.

다른 볼에 삼겹살과 남은 고기 양념을 넣고 버무린 다음 냉장고에 넣어 재운다.

피클을 만들기 위해 볼에 그린 파파야와 당근을 넣는다. 피클 국물을 부어 재료가 완전히 잠기게 한 다음 2시간 동안 그대로 둔다.

다진 돼지고기 반죽을 골프공 크기로 굴려 미트볼을 만든다. 냉장고에 넣고 1~2시간 두어 단단하게 만든다.

숯불 그릴을 준비한다. 바비큐 그릴을 사용해도 되지만 훈연의 풍미는 얻을 수 없다.

포장지에 적힌 지침에 따라 국수를 삶는다. 건져서 찬물에 헹군 다음 물기를 뺀다.

냄비에 닭 육수를 넣고 중불에서 데운다.

숯불 그릴의 숯이 작은 불꽃을 튀기며 빨갛게 빛나면 손바닥으로 미트볼을 눌러 살짝 납작하게 만든 다음 그릴에 올린다. 삼겹살도 조심스럽게 그릴에 올리는데, 기름이 숯불에 떨어지면 불꽃이 커져 고기가 타고 쓴맛이 나므로 주의한다. 미트볼과 삼겹살을 자주 뒤집어가며 7~10분간 완전히 익힌다.

큰 접시에 삶은 국수와 곁들임 재료를 담는다. 피클의 물기를 빼고 작은 그릇에 나눠 담는다. 피클 위에 미트볼과 삼겹살을 올리고 데운 닭 육수, 느억맘을 골고루 붓는다.

국수와 허브를 국물에 살짝 찍어 먹은 다음 고기와 피클을 함께 먹는다.

돼지구이를 곁들인 누들 샐러드 • 4인분

GRILLED PORK AND VERMICELLI NOODLE SALAD

뼈 없는 돼지고기 목살 600g,
  얇게 썬 것
가는 쌀국수(버미셀리) 200g
버터헤드 양상추 ½개, 채 썬 것(선택)
미니오이 2개, 채 썬 것
당근과 무 피클 150g(179쪽 참조)
튀긴 샬롯 2TS(180쪽 참조)
파 기름 80ml(177쪽 참조)
민트 1단, 잎만 딴 것
베트남 민트 1단, 잎만 딴 것
구운 땅콩 100g(181쪽 참조)
느억맘 디핑소스(176쪽 참조), 서빙용

고기 양념

샬롯 2개, 잘게 다진 것
마늘 2쪽, 잘게 다진 것
꿀 1TS
피시소스 3TS
식물성 기름 3TS
캐스터(극세)설탕 1TS

가는 쌀국수 샐러드는 재빨리 만들 수 있는 환상적인 한 끼 식사로 더운 계절에 안성맞춤이다. 이 요리는 분짜(88쪽 참조)를 베트남 남부식으로 변형한 것이다.

큰 볼에 고기 양념 재료를 넣고 설탕과 꿀이 녹을 때까지 잘 섞는다. 돼지고기를 넣고 버무린다. 냉장고에 넣고 최소 4시간 이상, 가급적 하룻밤 동안 재운다.

숯불 그릴을 준비하거나 바비큐 그릴을 중불로 예열한다.

포장지에 적힌 지침에 따라 국수를 삶는다. 건져서 찬물에 헹군 다음 물기를 뺀다.

숯불 그릴의 숯이 작은 불꽃을 튀기며 빨갛게 빛나면 돼지고기를 올린다. 노릇노릇해질 때까지 자주 뒤집어가며 8~10분간 구워 접시에 담는다.

그릇 4개에 국수를 나눠 담고 양상추, 오이, 피클을 함께 담는다. 구운 돼지고기와 튀긴 샬롯을 얹고 파 기름을 뿌린다. 두 종류의 민트를 올리고 구운 땅콩과 느억맘을 취향에 따라 곁들인다.

BÚN THỊT NƯỚNG

분팃 느엉

돼지고기와 코코넛크림을 곁들인 누들 샐러드 • 4인분

가는 쌀국수(버미셀리) 300g
숙주 180g, 데친 것
버터헤드 양상추 1개, 채 썬 것
미니오이 1개, 채 썬 것
파 기름 60ml(177쪽 참조)
민트, 베트남 민트 등 허브 1줌,
   대강 썬 것
당근과 무 피클 200g(179쪽 참조)
튀긴 샬롯 50g(180쪽 참조)
느억맘 디핑소스 250ml(176쪽 참조)

채 썬 돼지고기*

뼈 없는 돼지고기 목살 500g
재스민쌀(안남미) 100g
돼지 껍질 50g, 삶아서 얇게 썬 것**
마늘 2쪽, 다진 것
캐스터(극세)설탕 1TS
바닷소금 1TS
마늘 기름 3TS(180쪽 참조)

코코넛크림

코코넛밀크 500ml
캐스터(극세)설탕 1ts
바닷소금 1ts

내 아내는 이 요리를 정말 좋아한다! 그녀는 식감이 좋은 국수, 신선한 허브, 돼지고기(돼지고기를 좋아하지 않는 사람이 어디 있을까?!), 코코넛크림의 크리미한 맛이 완벽한 조화를 이룬다고 말한다. 시간과 노력을 들일 만한 가치가 있는 훌륭한 누들 샐러드다.

채 썬 돼지고기를 만들기 위해 큰 냄비에 물을 넣고 끓여 돼지고기를 40분간 삶는다. 고기를 건져 얼음물에 담가 식힌 다음 키친타월로 물기를 제거한다.

기름을 두르지 않은 팬에 재스민쌀을 넣고 중불에서 노릇노릇해질 때까지 20~30분간 자주 저어가며 볶는다. 팬에서 쌀을 꺼내 식힌 다음 푸드프로세서에 넣고 갈아 가루를 만든다.

포장지에 적힌 지침에 따라 국수를 삶는다. 건져서 찬물에 헹군 다음 물기를 뺀다.

냄비에 코코넛밀크를 넣고 중불로 가열해 코코넛크림을 만든다. 설탕과 소금을 넣고 녹을 때까지 젓는다. 우유가 크림 질감으로 걸쭉해질 때까지 10분간 끓인다.

돼지고기를 성냥개비 크기로 잘게 채 썬다. 돼지 껍질을 찬물에 헹구고 물기를 제거한다. 볼에 돼지고기, 돼지 껍질, 재스민쌀가루, 마늘, 설탕, 소금, 마늘 기름을 넣고 버무린다.

그릇 4개에 숙주를 나눠 담는다. 국수와 채 썬 돼지고기를 얹고 코코넛크림을 넉넉히 뿌린다. 채 썬 양상추, 오이, 파 기름, 허브, 피클, 튀긴 샬롯을 올리고 느억맘을 뿌린다.

* 이 요리의 채 썬 돼지고기는 다른 국수 요리부터 바인미에 이르기까지 다양한 베트남 요리에 잘 어울리니 자유롭게 활용해보자!

** 지방을 제거한 돼지 껍질을 삶아서 아주 얇게 썬 것이다.

BÁNH
TẢM BÌ 바인 땀비

게살볼 국수 • 8인분

돼지 선지 200g, 가로세로 3cm로
　　깍둑썰기한 것
튀긴 두부 250g, 깍둑썰기한 것
완숙 토마토 4개, 반으로 자른 것
가는 쌀국수(버미셀리) 450g
대파 1단, 얇게 썬 것
고수 1단, 잎만 딴 것
새우페이스트, 서빙용(선택)

육수

돼지 뼈 1kg(정강이뼈가 가장 맛이
　　좋음)
닭 뼈 2kg
돼지 족발 1kg, 약 3cm 두께로 8등분 한
　　것(정육점에 문의)
피시소스 300ml
캐스터(극세)설탕 100g
바닷소금 2TS

게살볼(게살 무스)

식물성 기름 1TS
마늘 2쪽, 다진 것
샬롯 2개, 다진 것
크랩페이스트 콩기름 병조림 200g*
건새우 70g, 2시간 이상 불려 물기를
　　빼고 다진 것
돼지고기 500g, 간 것
달걀 2개
생게살 250g
피시소스 1TS
캐스터(극세)설탕 2ts

곁들임

공심채 500g
숙주 1kg
민트 1단, 잎만 딴 것(선택)
차조기 잎 1단

이 국수는 집에서 만들 때마다 인기가 많다. 레시피가 길다고 해서 미루지 말길.
결과는 환상적이며 앞으로 계속 이 레시피를 찾아보게 될 것이다.

육수를 만들기 위해 돼지 뼈, 닭 뼈, 족발을 찬물에 헹궈 핏물이나 뼛조각을 제거한다.
10L 냄비에 넣고 찬물을 부어 뚜껑을 덮은 다음 10분간 끓인다. 물을 버리고 뼈와
족발에 남은 피와 불순물을 헹군다. 다시 깨끗한 냄비에 돼지 뼈, 닭 뼈를 넣고 물을
가득 채운 다음 끓이면서 떠오르는 불순물을 제거한다. 족발을 넣고 불을 줄여
족발이 부드러워질 때까지 45분간 끓인다. 족발을 건지고 식혀 물기를 뺀다. 육수가
20~30%가량 줄어들 때까지 3~4시간 더 끓인다. 피시소스, 설탕, 소금으로 간한 다음
육수를 걸러 깨끗한 냄비에 붓고 뼈는 버린다.

게살볼을 만들기 위해 팬에 기름을 두르고 중불에 올린다. 마늘과 샬롯을 넣고 향이 날
때까지 2~3분간 볶는다. 크랩페이스트와 건새우를 넣고 5분간 볶아 식힌다. 볼에 다진
돼지고기, 달걀, 게살, 식힌 새우 혼합물을 섞고 피시소스와 설탕으로 간한다.

곁들임 재료 중 공심채 잎은 따서 다른 요리에 쓸 수 있게 보관하고, 공심채 채칼(15쪽
참조)이나 칼로 줄기만 얇게 채 썬다. 채 썬 줄기는 찬물에 담갔다 건져 물기를 빼고
접시에 담는다.

큰 접시나 공심채를 담은 접시에 나머지 곁들임 재료를 담는다.

냄비에 물을 넣고 끓여 선지를 10분간 삶는다. 선지를 건져 얼음물에 담가 식힌 다음
물기를 뺀다.

게살볼을 익히기 위해 육수를 팔팔 끓기 직전까지 약한 불로 끓인다. 물이 끓어오르면
숟가락으로 게살 반죽을 골프공 크기로 뜬 다음 한 번에 6~8개 정도만 육수에 넣는다.
게살볼이 떠오르면 5분간 더 익혀 건진다.

육수에 두부와 토마토를 넣고 약불에서 10분간 끓인다.

포장지에 적힌 지침에 따라 국수를 삶는다. 건져서 찬물에 헹군 다음 물기를 뺀다.

얕은 그릇 8개에 국수를 나눠 담고 육수, 토마토, 두부를 골고루 얹는다. 게살볼, 선지,
족발을 올리고 파, 고수를 고명으로 올린다.

곁들임 접시를 식탁 중앙에 놓고 새우페이스트(사용하는 경우)를 작은 그릇에 담아 각자
국수에 넣어 먹을 수 있도록 한다.

* 콩기름을 넣은 크랩페이스트는 아시아 슈퍼마켓에서 구입할 수 있다.

BÚN RIÊU
CUA 분리에우 꾸어

매운 소고기 국수 · 8-10인분

SPICY BEEF NOODLE SOUP

돼지 선지 200g, 가로세로 3cm로
　깍둑썰기한 것
두꺼운 쌀국수 400g
짜루어chả lụa(베트남식 햄) 200g,
　슬라이스한 것
대파 1단, 얇게 썬 것, 고명용
적양파 1개, 껍질을 벗겨 얇게 썬 것,
　고명용
고수 1단, 잎만 딴 것, 고명용
홍고추 4개, 슬라이스한 것
레몬 4개, 웨지로 썬 것(선택)

육수

소 정강이뼈 5kg
돼지 족발 1kg, 약 3cm 두께로 8등분한
　것(정육점에 문의)
소 앞다리살(그레이비 비프) 또는
　스튜용 스테이크 2kg
파인애플 200g, 껍질과 씨를 제거해
　큼직하게 다진 것
레몬그라스 줄기 4개, 흰 부분만 으깬 것
양파 2개, 껍질을 벗긴 것
바닷소금 3TS
피시소스 200ml
캐스터(극세)설탕 100g

칠리사테소스

아나토 오일 160ml(182쪽 참조)
샬롯 3개, 다진 것
레몬그라스 줄기 2개, 다진 것
마늘 4쪽, 다진 것
새눈고추 4개, 다진 것
새우페이스트 3TS
피시소스 2TS
캐스터(극세)설탕 2TS
칠리플레이크 30g

진짜 매콤하다! 하지만 정말 맛있다. 이 유명한 후에 지역의 국수는 레몬그라스와 고추를 듬뿍 넣어 매콤한 맛이 일품이다. 먹을 때마다 땀이 절로 난다!

육수를 만들기 위해 소 정강이뼈와 돼지 족발을 찬물에 헹궈 핏물이나 뼛조각을 제거한다. 10L 냄비에 소 뼈, 족발, 소 앞다리살을 넣고 찬물을 채워 10분간 끓인다. 물을 버리고 소 뼈와 족발에 남은 피와 불순물을 헹군다. 다시 깨끗한 냄비에 소 뼈, 족발, 소고기를 넣고 물을 가득 채운 다음 끓이면서 떠오르는 불순물을 제거한다. 불을 줄이고 족발이 완전히 익을 때까지 45분간 끓인다. 족발을 건져 얼음물에 담갔다 물기를 뺀다.

육수에 파인애플, 레몬그라스, 양파를 넣고 소고기가 부드러워질 때까지 2시간 동안 더 끓인다. 소고기를 건져 얼음물에 담갔다 물기를 뺀 다음 얇게 썬다.

육수가 30%가량 줄어들 때까지 3시간 정도 끓인다. 소금, 피시소스, 설탕으로 간한 다음 육수를 걸러 깨끗한 냄비에 붓고 뼈는 버린다. 약불에서 따뜻하게 유지한다.

그동안 칠리사테소스를 만들기 위해 냄비에 아나토 오일, 샬롯, 레몬그라스, 마늘, 다진 고추를 넣고 중불에 올린다. 재료가 부드러워지고 향이 날 때까지 3~4분간 볶는다. 새우페이스트, 피시소스, 설탕, 칠리플레이크를 넣고 자주 저어가며 향이 날 때까지 4~5분간 볶는다.

새 냄비에 물을 넣고 끓여 선지를 10분간 삶는다. 건져서 얼음물에 담가 식힌 다음 물기를 뺀다.

샐러드를 만들기 위해 볼에 찬물을 채우고 레몬을 짜 넣는다. 바나나꽃의 밝은 속이 보일 때까지 겉잎과 꽃을 제거한다. 바나나꽃을 세로로 반으로 자르고 안쪽 꽃을 제거한다. 꽃을 얇게 썰고 곧바로 레몬 물에 담가 30분간 그대로 둔다. 건져서 물기를 빼고 그릇에 담은 다음 나머지 샐러드 재료를 추가해 잘 섞는다.

육수를 다시 끓여 족발과 칠리사테소스를 넣는다.

포장지에 적힌 지침에 따라 국수를 삶는다. 건져서 물기를 빼고 그릇에 나눠 담는다. 소고기, 족발, 짜루어, 선지를 얹는다. 육수를 붓고 파, 적양파, 고수를 올린다. 샐러드, 고추, 레몬(사용하는 경우)을 식탁 중앙에 놓고 각자 국수에 넣어 먹을 수 있도록 한다.

바나나꽃 샐러드

레몬 1개
바나나꽃 1개
숙주 500g
태국 바질 1단, 잎만 딴 것
차조기 1단, 잎만 딴 것
공심채 100g, 채 썬 것(15쪽 참조)

BÚN
BÒ HUÉ

분보 후에

통청게 8마리 또는 통머드크랩 4마리,
　깨끗이 손질한 것
생바인까인(타피오카국수) 1.2kg*
백후춧가루 2TS
대파 1단, 얇게 썬 것, 고명용
홍고추 2개, 슬라이스한 것
레몬 4개, 웨지로 자른 것

육수

닭 뼈 2kg
돼지갈비 1kg, 5cm 길이로 자른
　것(정육점에 문의)
양파 2개, 껍질을 벗긴 것
통마늘 1통, 반으로 자른 것
피시소스 300ml
캐스터(극세)설탕 200g
옥수숫가루(옥수수 전분) 100g

게살 혼합물

아나토 오일 80ml(182쪽 참조)
마늘 2쪽, 다진 것
샬롯 3개, 다진 것
생게살 300g
피시소스 2TS
캐스터(극세)설탕 1TS

전통적으로 이 수프는 머드크랩을 사용하지만 나는 껍질을 제거하기 쉽고 게살이
더 단단한 청게를 훨씬 선호한다. 하지만 전통을 중요시하는 어머니는 머드크랩을
좋아한다. 두 가지 방법을 모두 시도해보고 전통 방식과 현대 방식 중 어떤 것이 더
맛있는지 판단하길!

육수를 만들기 위해 닭 뼈와 돼지갈비를 찬물에 헹궈 핏물이나 뼛조각을 제거한다.
10L 냄비에 넣고 찬물을 부어 10분간 끓인다. 물을 버리고 뼈에 남은 피와 불순물을
헹군다. 다시 깨끗한 냄비에 닭 뼈와 돼지갈비를 넣고 물을 가득 채운 다음 끓이면서
떠오르는 불순물을 제거한다. 불을 줄이고 1시간 동안 끓여 양파, 마늘을 넣는다. 육수가
30%가량 줄어들 때까지 2시간 정도 더 끓인다.

게살 혼합물을 만들기 위해 냄비에 아나토 오일을 두르고 중불에서 마늘, 샬롯을 넣어
부드러워질 때까지 5~7분간 볶는다. 게살을 넣어 피시소스와 설탕으로 간한 다음
5분간 더 볶아 불을 끈다.

끓는 물이 담긴 냄비 위에 큰 대나무 찜통을 올린다. 게를 접시에 담아 접시째 찜통 위에
얹은 다음 뚜껑을 덮고 완전히 익을 때까지 10분간 찐다. 게를 조심스럽게 꺼내 접시에
담긴 액체를 고운체에 걸러 게살 혼합물에 넣는다. 잘 섞이도록 젓는다.

육수가 완성되면 닭 뼈는 버리고 육수만 걸러 깨끗한 냄비에 붓는다. 다시 돼지갈비를
육수에 넣고 게살 혼합물을 넣은 다음 피시소스와 설탕으로 간한다.

옥수수가루와 물 100ml를 섞은 다음 육수에 천천히 부어가며 덩어리가 생기지 않게
계속 저어 걸쭉하게 만든다.

끓는 물에 국수를 넣고 3~4분간 삶는다. 건져서 물기를 빼고 그릇에 나눠 담는다.
육수를 붓고 돼지갈비를 올린 다음 게(머드크랩을 사용하는 경우 반 마리)를 얹는다.
파를 올리고 고추와 레몬을 곁들인다.

* 생바인까인 국수는 아시아 슈퍼마켓에서 구입할 수 있다.

BÁNH
CANH
CUA

바인까인 꾸어

CO'M
TẤM 껌땀

돼지갈비를 곁들인 재스민라이스 · 4인분

뼈가 붙은 돼지 등심(포크 촙, 돈마호크)
  4개
재스민쌀(안남미) 400g
식물성 기름 1TS
달걀 4개
미니오이 2개, 어슷썰기한 것
토마토 2개, 반으로 잘라 슬라이스한 것
당근과 무 피클 100g(179쪽 참조)
파 기름 80ml(177쪽 참조)
느억맘 디핑소스 230ml(176쪽 참조)

고기 양념

식물성 기름 3TS
백후춧가루 1자밤
레몬그라스 2TS, 흰 부분만 다진 것
마늘 2TS, 잘게 다진 것
꿀 2TS
피시소스 100ml
캐스터(극세)설탕 1TS
새눈고추 1개, 잘게 다진 것

돼지고기 미트로프

달걀 2개
돼지고기 500g, 간 것
목이버섯 50g, 대강 썬 것
당면 60g, 찬물에 1시간 동안 불려
  물기를 빼고 짧게 자른 것
샬롯 1개, 잘게 다진 것
피시소스 3TS
캐스터(극세)설탕 1TS
백후춧가루 1자밤

껌땀은 점심시간에 흔히 볼 수 있는 메뉴로 한 접시에 원하는 모든 것이 담겨 있다. 재스민라이스에 향긋하게 구운 돼지 등심, 달걀, 미트로프, 곁들임 채소를 얹어 먹어보라. 정말 맛있다! 호찌민에 이 요리를 파는 훌륭한 식당이 있는데, 나는 호찌민에 가면 항상 그곳에 들른다.

먼저 돼지 등심을 재우기 위해 큰 볼에 고기 양념 재료를 넣고 잘 섞는다. 고기 망치로 고기를 가볍게 두들겨 연하게 만든 다음 양념에 넣고 버무린다. 최소 3시간 이상, 가급적 하룻밤 동안 재운다.

돼지고기 미트로프를 만들기 위해 달걀을 노른자와 흰자로 분리한다. 큰 볼에 달걀흰자를 넣고 폭신해질 때까지 휘저은 다음 노른자를 제외한 나머지 미트로프 재료를 넣고 잘 섞는다.

끓는 물이 담긴 냄비 위에 큰 대나무 찜통을 올린다. 25cm×12cm 파운드케이크 틀에 포일을 깔고 숟가락으로 미트로프 반죽을 채운다. 틀을 찜통 위에 얹은 다음 뚜껑을 덮고 30분간 찐다. 달걀노른자를 반죽 위에 바르고 뚜껑을 덮어 5분간 더 찐 다음 불을 끈다.

쌀을 찬물에 헹군 다음 물기를 빼고 냄비에 넣는다. 쌀을 덮을 정도로 물을 채운다 (검지손가락의 첫 번째 마디까지 물이 차는 정도가 적당하다). 팬을 중약불에 올리고 쌀이 물을 흡수해 부드러워질 때까지 끓인다. 또는 밥솥으로 밥을 짓는다.

숯불 그릴을 준비하거나 그릴(브로일러)을 중불로 예열한다. 숯불 그릴의 숯이 작은 불꽃을 튀기며 빨갛게 빛나면 돼지고기를 올린다. 자주 뒤집어가며 굽다가 양념을 바른 다음 완전히 익을 때까지 15분간 굽는다.

팬에 기름을 두르고 중강불로 가열한다. 팬에 달걀을 깨 올려 서니 사이드 업(반숙)으로 달걀프라이를 만든다. 달걀 밑면이 살짝 바삭해질 때까지 익힌 다음 키친타월을 깐 접시에 올린다.

접시에 밥을 담고 오이, 토마토, 피클, 두껍게 썬 미트로프 한 조각을 둘러 담는다. 돼지고기, 달걀프라이를 얹고 고기 위에 파 기름을 살짝 뿌려 느억맘을 곁들인다.

CO'M GÀ
HỘI AN
껌가 호이안

자연방목 닭 1마리(1.8kg)
바닷소금 1TS
강황가루 1TS
재스민쌀(안남미) 400g
찹쌀 50g
느억맘 디핑소스(176쪽 참조)

곁들임

그린 파파야 200g, 채 썬 것
양파 1개, 얇게 썬 것
베트남 민트 1단, 잎만 딴 것
당근과 무 피클 100g(179쪽 참조)

호이안 외에는 거의 찾아볼 수 없는 매우 흥미로운 요리다. 중국 하이난식 닭고기 요리법과 매우 유사하지만, 완성된 요리는 치킨 샐러드에 더 가깝다. 전통적으로 신선한 그린 파파야와 강황밥과 함께 제공된다. 내가 정말 좋아하는 요리다.

닭을 헹궈 키친타월로 물기를 제거한다. 큰 냄비에 물을 끓이고 닭, 소금, 강황가루를 넣어 15분간 삶는다. 불을 끄고 닭을 25분간 그대로 두었다가 꺼낸 다음 망에 올려 식힌다. 닭을 삶은 물은 따로 둔다.

쌀과 찹쌀을 섞어 찬물에 2분간 헹구면서 쌀알이 잘 씻기도록 계속 쌀을 휘젓는다. 쌀의 물기를 빼고 냄비에 넣은 다음 쌀 위로 약 2cm 정도 올라올 만큼 닭고기 삶은 물을 붓는다. 중불에서 가열해 끓으면 불을 줄이고 쌀이 수분을 흡수해 부드러워질 때까지 15분간 익힌다.

닭에서 다리살을 도려내 작은 조각으로 자른다. 뼈에서 가슴살을 분리해 도톰하게 썬다. 접시에 다리살, 가슴살, 날개를 담는다.

볼에 곁들임 재료를 넣고 섞는다. 느억맘을 개인 그릇에 나눠 담는다.

접시에 밥과 곁들임 채소를 담는다. 닭고기 접시를 식탁 중앙에 놓고 각자 먹을 만큼 닭고기를 덜어 느억맘을 곁들인다.

피시소스

피시소스는 베트남 요리의 정수다. 거의 모든 요리에 사용되어 소금 대신 음식의 간을 맞춰준다.

피시소스를 만드는 과정은 비교적 간단하다. 멸치와 소금을 도기 통이나 나무 통 안에 층층이 쌓아 발효시킨다. 12개월이 지나 통을 비우면 올리브 오일처럼 '첫 번째 압착' 피시소스가 나오는데, 가장 인기 있고 가치가 높은 제품이다. 호박색을 띠는 첫 번째 압착 소스는 향긋하고 짭짤하며 단맛이 살짝 감돈다. 이후 통을 6~12개월 더 보관하면 더욱 짠짠하고 풍미가 강한 두 번째 압착 피시소스가 만들어진다.

베트남 최고의 피시소스 중 일부는 푸꾸옥과 판티엣에서 생산된다. 두 곳 모두, 소스의 재료인 귀한 멸치를 잡는 데 필요한 대규모 어선이 있는 어촌이다. 품질이 낮은 브랜드의 피시소스에는 멸치 대신 다른 생선을 섞어 사용하는데, 이런 제품은 질이 좋을 리 없다. 피시소스의 품질을 떨어뜨리는 또 다른 요인은 소스의 질소 함량이다. 질소가 많을수록 소스의 등급이 높아진다. 질소 수치는 병에 적힌 'N' 옆에 숫자로 표시되며, 좋은 피시소스에는 항상 이 라벨이 붙어 있다.

내가 운영하는 레스토랑에서는 푸꾸옥의 주선Dū Sơn 피시소스를 사용한다. 이 소스는 너무 강하지 않고 향긋하며 달콤한 여운을 지닌 짭조름한 맛이다. 단독으로 디핑소스로 사용하거나 다른 재료와 함께 사용하기에 충분할 만큼 다재다능하다.

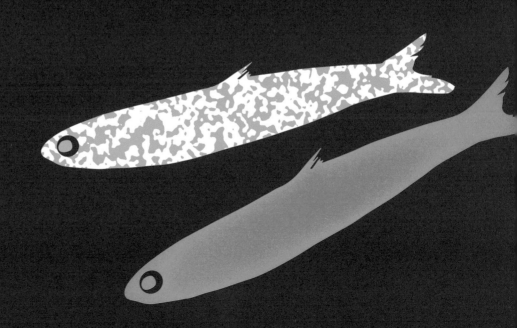

건새우 라이스페이퍼 샐러드 • 4인분

얇은 원형 라이스페이퍼 120g,
   5cm 폭으로 자른 것*
그린망고 1개, 채 썬 것
작은 건새우 50g
베트남 민트 1단, 잎만 딴 것
메추리알 4개, 삶아서 껍질을 벗긴 것
튀긴 샬롯 2TS(180쪽 참조)
구운 땅콩 2TS(181쪽 참조)

간장 샬롯 드레싱

식물성 기름 1TS
샬롯 2개, 얇게 썬 것
간장 120ml
오향가루 1자밤
피시소스 1ts
설탕 2TS

라이스페이퍼를 넣은 샐러드는 지난 5년간 인기를 끌며 새로운 트렌드로 떠오르고 있다. 톡 쏘는 맛을 가진 이 샐러드에 라이스페이퍼를 추가하면 요리에 멋진 식감을 더할 수 있다. 베트남 맥주와 함께 먹으면 아주 잘 어울린다!

간장 샬롯 드레싱을 만들기 위해 팬에 기름을 두르고 중불에 올린다. 샬롯이 부드러워지고 약간 갈색이 될 때까지 4~5분간 볶는다. 나머지 재료를 넣고 설탕이 녹을 때까지 2분간 끓인 다음 불을 끈다.

볼에 자른 라이스페이퍼, 망고, 건새우, 민트, 달걀, 튀긴 샬롯을 넣고 잘 섞는다. 드레싱을 약간 뿌린 다음 가볍게 버무린다. 라이스페이퍼가 부드러워질 때까지 드레싱을 계속 추가하며 버무리고 구운 땅콩을 뿌린다.

* 라이스페이퍼는 두께가 다양하다. 가까운 아시아 슈퍼마켓에서 가장 얇은 종류를 찾아보자.

BÁNH
TRÁNG
TRỘN 바인짱 쫀

GỎI TÔM BƯỞI

고이똠 브어이

새우 포멜로 샐러드 • 4인분

작은 포멜로 1개
중간 크기 새우 12마리, 껍질과 내장을
   제거해 익힌 것
민트 1단, 잎만 딴 것
베트남 민트 1단, 잎만 딴 것
태국 바질 2줄기, 잎만 딴 것
당근과 무 피클 150g(179쪽 참조)
홍고추 2개, 씨를 빼고 다진 것
미니오이 2개, 세로로 반으로 잘라 얇게
   어슷썰기한 것
튀긴 샬롯 2TS(180쪽 참조)

느억맘 드레싱

느억맘 디핑소스 150ml(176쪽 참조)
마늘 2쪽, 다진 것
새눈고추 1개, 얇게 썬 것

포멜로는 동남아시아가 원산지인 고대 감귤류 과일이다. 자몽과 비슷하며 베트남
샐러드에 자주 쓰인다. 이 요리에서 포멜로는 상큼한 단맛과 약간의 신맛을 내며
육즙이 풍부한 새우와 멋진 대조를 이룬다.

포멜로 껍질을 벗기고 반으로 쪼갠다. 각 조각마다 껍질을 벗기고 과육을 부드럽게
잡아당겨 꺼낸다. 이렇게 하면 과육이 부러지거나 물러지지 않는다. 과육을 한입 크기로
부드럽게 찢는다.

작은 볼에 느억맘 드레싱 재료를 넣고 잘 섞는다.

큰 볼에 튀긴 샬롯을 제외한 모든 샐러드 재료를 담고 드레싱을 넣어 버무린다. 접시에
담아 튀긴 샬롯을 올린다.

해파리 오리고기 샐러드 · 4인분

해파리 슬라이스 200g*
오리 가슴살 3개, 껍질을 벗긴 것
바닷소금
식물성 기름 2TS
민트 1단, 잎만 딴 것
베트남 민트 1단, 잎만 딴 것
미니오이 1개, 세로로 반으로 잘라
　슬라이스한 것
당근과 무 피클 100g(179쪽 참조)
숙주 100g
튀긴 샬롯 3TS(180쪽 참조)

갈랑갈 드레싱

느억맘 디핑소스 200ml(176쪽 참조)
새눈고추 2개, 얇게 썬 것
마늘 2쪽, 다진 것
갈랑갈 5cm, 다진 것

해파리와 오리는 전혀 어울리지 않는 조합처럼 보이지만, 이 요리에서는 식감이 훌륭하게 어우러진다. 해파리 자체는 특별한 맛이 없기 때문에 드레싱의 풍미를 흡수하며 동시에 다른 것으로 대체할 수 없을 만큼 독특한 식감을 선사한다.

해파리를 찬물에 10분간 헹군다. 키친타월을 깐 접시에 해파리를 올려 물기를 제거한다.

작은 볼에 갈랑갈 드레싱 재료를 넣고 섞는다.

오리 가슴살의 껍질에 칼집을 내고 소금으로 간한다. 살 쪽의 힘줄을 제거한다.

팬에 기름을 둘러 중강불에 올리고 오리 가슴살의 껍질이 팬에 닿게 넣는다. 오리가 갈색이 될 때까지 7분간 구운 다음 뒤집어 5분간 더 굽는다. 팬에서 꺼내 5분간 식혀 얇게 썬다.

큰 볼에 해파리, 오리 가슴살, 허브, 오이, 피클, 숙주를 담고 드레싱을 넣어 버무린다. 접시에 담아 튀긴 샬롯을 올린다.

* 해파리 슬라이스는 아시아 슈퍼마켓에서 구입할 수 있다.

GỎI SỨA THỊT VỊT

고이 스어 팃빗

GỎI BẮP CHUỐI TÀU HỦ CHIÊN

고이밥 쭈오이 타우후 찌엔

바나나꽃과 바삭한 두부 샐러드 • 4인분

BANANA BLOSSOM
AND CRISPY TOFU SALAD

레몬 1개
바나나꽃 1개
식물성 기름 2L, 튀김용
부드러운 모두부(연두부 아님) 1팩,
　얇게 썬 것
베트남 참깨쌀크래커(바인짱메Bánh
　Tráng Mè) 4개
민트 1단, 잎만 딴 것
차조기 1단, 잎만 딴 것
홍고추 1개, 씨를 제거해 채 썬 것
미니오이 1개, 채 썬 것
구운 땅콩 3TS(181쪽 참조)
튀긴 샬롯 2TS(180쪽 참조)

시트러스 간장 드레싱

백간장 또는 연간장 100ml
코코넛워터 100ml
새눈고추 2개, 얇게 썬 것
라임즙 30ml, 갓 짠 것

바나나꽃은 베트남 요리에 자주 등장하는 재료다. 맛이 잘 배고 식감이 아삭해서
주로 수프와 샐러드에 사용한다. 여기서는 순두부와 조합하여 최고의 식감을 만들어
보았다.

큰 볼에 물을 채우고 레몬즙을 짜 넣는다.

바나나꽃의 밝은 속이 보일 때까지 겉잎과 꽃을 제거한다. 바나나꽃을 세로로 반으로
자르고 안쪽 꽃을 제거한다. 꽃을 얇게 썰고 곧바로 레몬 물에 담가 변색을 방지한다.
건져서 찬물에 5~10분간 헹궈 수액을 제거하고 물기를 뺀다.

작은 볼에 시트러스 간장 드레싱 재료를 넣고 섞는다.

웍이나 큰 냄비에 기름을 채우고 중강불에 올려 180℃로 가열한다. 두부를 넣고
바삭해질 때까지 2~3분간 튀겨 건진다. 키친타월을 깐 접시에 올려 기름기를 제거한다.

그동안, 가스버너 위에 석쇠를 놓고 약불로 참깨쌀크래커를 굽는다. 집게로 크래커
하나를 조심스럽게 석쇠에 올리고, 크래커가 투명한 색에서 흰색으로 바뀌며 살짝
부풀어 오를 때까지 굽는다. 남은 크래커도 모두 구워 큰 접시에 담는다.

큰 볼에 바나나꽃, 튀긴 두부, 허브, 고추, 오이를 담고 드레싱을 넣어 버무린다. 그릇에
옮겨 구운 땅콩, 튀긴 샬롯을 올리고 구운 크래커를 곁들인다.

점심 식사 ★ 117

비어 허이

BIA HOI

신선한 맥주(생맥주)라는 뜻의 비어 허이는 갓 양조한 맥주로, 가볍고
청량감이 있어 무더운 날 갈증을 해소하는 데 제격이다. 친구들과 함께
즐기거나 각종 안주를 곁들여 먹는다.
가장 유명한 비어 허이는 하노이 구시가지의 유명한 사거리에 있는 '비어
허이 코너'다. 시내에 들른다면 항상 신선한 맥주가 있고 재미난 풍경을
구경할 수 있는 이곳을 방문하길 추천한다.
비어 허이 가게들은 하루 일과가 끝날 무렵 직장인으로 가득 찬다. 친구들과
함께 먹고, 마시고, 웃으며 스트레스를 잊을 수 있는 절호의 기회다. 비어
허이 가게에서 술을 마실 때는 잔을 부딪히며 '못, 하이, 바, 요'를 외쳐야
한다. 이는 '하나, 둘, 셋, 건배'를 의미한다. 이 소란스러운 소리는 종종
가게 밖 거리에서도 들을 수 있다.
이 장의 요리는 내가 비어 허이를 즐길 때 가장 좋아하는 음식들이다.

CHEM CHÉP HẤP LÁ QUẾ
쨈쨉 헙라꾸에

태국 바질을 곁들인 홍합 맥주찜 · 4인분

비어 하노이(또는 라거) 캔 330ml 1개
태국 바질 4줄기, 줄기와 잎을 분리한 것
생강 4cm 1조각, 다진 것
홍고추 1개, 슬라이스한 것
레몬그라스 줄기 1개, 흰 부분만 살짝
    으깬 후 10cm 길이로 썬 것
홍합 1kg, 내장을 제거한 것
바인미(베트남식 바게트) 4개(선택)

금귤 고추 소금

새눈고추 1개
바닷소금 1TS
금귤 4개, 반으로 자른 것

태국 바질과 레몬그라스의 향긋함이 홍합의 단맛과 어우러져 풍미를 더하는 간단한 요리다. 베트남의 작은 플라스틱 의자에 앉아 이 요리를 꼭 맛보길!

금귤 고추 소금을 만들기 위해 절구에 고추를 넣고 빻는다. 소금을 넣고 가볍게 빻으며 잘 섞는다. 작은 볼 4개에 고추 소금을 나눠 담고 반쪽짜리 금귤을 2조각씩 얹는다.

홍합이 충분히 들어가는 큰 냄비에 비어 하노이, 태국 바질 줄기, 생강, 고추, 레몬그라스를 넣는다. 뚜껑을 덮고 2~3분간 끓인다.

냄비에 홍합을 넣고 뚜껑을 덮은 다음 냄비를 자주 흔들어가며 홍합 껍데기가 벌어질 때까지 약 5분간 익힌다. 큰 접시에 홍합을 담고 홍합 육수는 다른 그릇에 따로 담는다. 남은 태국 바질 잎을 홍합과 국물에 뿌린다.

각자 금귤을 짜서 고추 소금에 뿌린 다음 홍합을 육수에 담가 고추 소금을 찍어 먹는다. 기호에 따라 바인미와 함께 즐긴다.

오향 오징어튀김 • 4인분

오향가루 ½ts
바닷소금 1ts
캐스터(극세)설탕 1ts
오징어 몸통 500g
식물성 기름, 튀김 및 볶음용
달걀 1개, 푼 것
초록파프리카(피망) ½개,
　작게 깍둑썰기한 것
빨간파프리카(피망) ½개,
　작게 깍둑썰기한 것
작은 양파 1개, 작게 깍둑썰기한 것
마늘 2쪽, 다진 것
새눈고추 2개, 대강 썬 것 + 고명용 여분

반죽

쌀가루 170g
탄산수 100ml

이 오징어 튀김은 친구들과 여행 이야기를 나누면서 맥주와 함께 즐길 수 있는 최고의 안주 중 하나다.

볼에 오향가루, 소금, 설탕을 넣고 잘 섞어 양념을 만든다.

다른 볼에 쌀가루를 넣고 탄산수를 천천히 부어가며 반죽이 부드럽게 묽어질 때까지 포크로 섞는다.

오징어 몸통에 십자 모양으로 살짝 칼집을 낸 다음 삼각형 모양으로 썬다.

웍이나 큰 냄비에 기름 2L를 넣고 중강불에 올려 180℃로 가열한다.

오징어를 달걀물과 반죽에 차례로 담갔다가 여분의 반죽을 떨어낸다. 뜨거운 기름에 오징어를 조심스럽게 넣고 노릇노릇해질 때까지 4~5분간 튀겨 건진다. 키친타월을 깐 접시에 올려 기름기를 뺀다. 남은 오징어를 모두 튀긴다.

팬에 기름 1TS을 두르고 중강불로 가열한다. 파프리카, 양파, 마늘, 새눈고추를 넣고 파프리카가 부드러워질 때까지 2~3분간 볶는다. 튀긴 오징어를 넣고 재빨리 섞은 다음 오향 양념을 뿌려 간한다. 여분의 새눈고추를 얹는다.

MỰC RANG MUỐI 믁랑무오이

CUA HẤP CHẤM NƯỚC MẮM ỚT XANH

꾸어헙쩜 느억맘 엇싸인

풋고추 디핑소스를 곁들인 게찜 · 4인분

꽃게, 닭게, 머드크랩 등 통게 6마리
   200~300g
레몬그라스 줄기 2개, 흰 부분만 으깬 것
홍고추 2개, 으깬 것
풋고추 디핑소스(182쪽 참조), 서빙용
금귤 4개, 반으로 자른 것, 서빙용(선택)

베트남 사람들은 갑각류, 특히 게를 즐겨 먹는다. 손질하기 번거롭고 조금 지저분해질 수 있지만, 비어 허이를 마시며 게 요리를 천천히 맛보는 것도 경험의 일부다. 비어 허이 가게에서는 항상 맛있는 게 요리가 준비되어 있다. 게찜은 나 또한 좋아하는 음식 중 하나다.

끓는 물이 담긴 냄비 위에 큰 대나무 찜통을 올린다. 게, 레몬그라스, 고추를 넣고 뚜껑을 덮은 다음 게가 완전히 익을 때까지 15분간 찐다.

큰 접시에 게를 담고 풋고추 디핑소스에 찍어 먹는다. 기호에 따라 금귤 반쪽을 짜서 뿌려 먹는다.

핫플레이트 소고기구이 • 4-6인분

BEEF COOKED ON A HOTPLATE

레몬그라스 줄기 2개, 흰 부분만 얇게 썬
   것
새눈고추 2개, 얇게 썬 것
마늘 3쪽, 얇게 썬 것
피시소스 80ml
캐스터(극세)설탕 2TS
식물성 기름 50ml
순살 소고기 등심 1.5kg, 얇게 썬 것
쌀국수 200g
느억맘 디핑소스 150ml(176쪽 참조)
당근과 무 피클 100g(179쪽 참조)
중간 크기의 원형 라이스페이퍼
   15~20장
버터 1TS

곁들임

튀긴 샬롯 3TS(180쪽 참조)
민트 2단
베트남 민트 2단
빨간 사과 2개, 심을 제거해 반으로 잘라
   얇게 썬 것
작은 파인애플 1개, 껍질과 심을 제거해
   둥글고 얇게 썬 것

이 환상적인 소고기 요리는 탁자 위의 핫플레이트에서 조리해 향긋한 허브, 쌀국수, 라이스페이퍼와 함께 먹는다. 삼촌은 이 요리를 먹을 때마다 핫플레이트에서 튀는 기름을 피하려면 몸을 숙여야 한다고 했다. 한번 시도해보고 확인하길!

큰 볼에 레몬그라스, 고추, 마늘, 피시소스, 설탕, 식물성 기름을 넣고 설탕이 녹을 때까지 젓는다. 소고기를 넣고 버무린 다음 냉장고에 넣고 3시간 동안 재운다.

포장지에 적힌 지침에 따라 국수를 삶는다. 건져서 찬물에 헹군 다음 물기를 뺀다.

접시에 곁들임 재료, 삶은 국수를 담는다. 볼에 느억맘, 피클을 넣고 섞은 다음 소스 그릇에 나눠 담는다. 다른 접시에 라이스페이퍼를 담고, 큰 물그릇을 준비해 식탁 위에 둔다.

식탁 중앙에 가스버너를 두고 핫플레이트를 올려 중강불로 가열한다. 버터를 약간 녹이고 양념한 소고기 몇 조각을 올린 다음 고기가 완전히 익을 때까지 2~3분간 굽는다. 각자 고기를 덜어가도록 하고 남은 소고기는 조금씩 계속해서 굽는다.

라이스페이퍼를 물에 적셔 펼친 다음 국수, 곁들임 재료, 소고기를 넣고 돌돌 말아서 피클과 느억맘을 섞은 소스에 찍어 먹는다.

BO
NƯỚNG
VỈ
보느엉비

BÒ LÁ
LỐT

라롯말이 소고기구이 • 4-6인분　　　GRILLED BEEF WRAPPED IN BETEL LEAF

소고기 1kg, 간 것
돼지 비계 100g, 간 것
굴소스 100ml
마늘 4쪽, 다진 것
레몬그라스 줄기 2개, 흰 부분만 다진 것
칠리플레이크 1ts
캐스터(극세)설탕 2TS
피시소스 2TS
라롯 잎(빈랑 잎) 48장

곁들임

아이스버그 양상추 1장, 잎만 딴 것
베트남 민트 1단
민트 1단
느억맘 디핑소스(176쪽 참조)

보 라롯은 소고기를 라롯 잎으로 말아 구운 요리다. 숯불 그릴에 구운 라롯 향은 믿을 수 없을 만큼 향기롭다. 바비큐 파티에서 빼놓지 말아야 할 음식이다.

찬물에 대나무 꼬치 12개를 1시간 동안 담갔다 건져 물기를 뺀다.

큰 볼에 소고기, 돼지 비계를 넣고 잘 섞는다. 라롯을 제외한 나머지 재료를 모두 넣고 반죽을 하나로 모아 커다란 공 모양으로 빚는다. 반죽이 더 이상 손가락에 달라붙지 않을 때까지 반죽 옆면을 여러 번 다진다. 랩으로 덮어 30~60분간 숙성한다.

숯불 그릴을 준비하거나 바비큐 그릴을 강불로 예열한다.

도마 위에 라롯 잎을 펼치고 고기 반죽 30~40g을 떼어 손에서 굴린다. 라롯의 중앙에 반죽을 올리고 잎의 너비보다 약간 작은 소시지 모양으로 부드럽게 만다. 잎끝을 접어 단단하게 말아준 다음 대나무 꼬치를 중앙에 끼워 잎과 속 재료를 고정한다. 이 과정을 반복하여 1개의 꼬치에 4개의 라롯말이를 꽂는다.

숯불 그릴의 숯이 작은 불꽃을 튀기며 빨갛게 빛나면 보 라롯을 그릴에 올린다. 집게로 눌러 단단하게 느껴질 때까지 자주 뒤집어가며 약 8분간 굽는다.

식탁 중앙에 곁들임 재료를 두고 소스 그릇에 느억맘을 나눠 담는다. 상추에 보 라롯과 허브를 올리고 쌈을 싸 느억맘에 찍어 먹는다.

구운 라이스페이퍼 · 4개 분량

메추리알 6개
대파 2개, 얇게 썬 것
작은 건새우 50g*
대형 라이스페이퍼 4장
스리라차칠리소스, 뿌리는 용
큐피마요네즈, 뿌리는 용

구운 라이스페이퍼를 만들 때 보통 약한 숯불에 굽지만, 가스버너 위에 석쇠를 올려 구울 수도 있다. 너무 오래 두면 타버리니 재빨리 구워야 한다.

볼에 메추리알을 깨 넣고 파, 건새우를 넣어 잘 섞는다.

가스버너 위에 석쇠를 놓고 약불에서 가열한다. 라이스페이퍼 1장을 조심스럽게 얹고 메추리알 혼합물의 1/4 분량을 숟가락으로 떠 올린다. 집게로 라이스페이퍼를 집고 살짝살짝 움직여가며 혼합물을 골고루 펴 바른다. 라이스페이퍼가 투명한 색에서 흰색으로 변하며 살짝 부풀어 오르고 메추리알 혼합물이 익을 때까지 익힌다.

접시에 담아 스리라차칠리소스, 마요네즈를 뿌린다. 이 과정을 반복해 바삭바삭하고 매콤한 라이스페이퍼 4장을 만든 다음 바로 먹는다!

* 베트남식 말린 작은 새우(똠코tom kho)를 살짝 구운 것이다. 아시아 슈퍼마켓에서 찾을 수 있다.

BÁNH
TRÁNG
NƯỚNG

바인짱느엉

SÒ ĐIỆP
NƯỚNG
MỠ HÀNH

소 디엡 느엉 머 하인

파 기름 60ml(177쪽 참조)
피시소스 2TS
캐스터(극세)설탕 1ts
가리비 12개
튀긴 샬롯 2TS(180쪽 참조)
구운 땅콩 2TS(181쪽 참조)

나는 베트남에 가면 조개와 골뱅이구이를 즐겨 먹는다. 다음은 가리비의 섬세한 맛을 압도하지 않도록 부드러운 풍미를 살리는 간단한 레시피다.

숯불 그릴을 준비하거나 바비큐 그릴을 강불로 예열한다.

볼에 파 기름, 피시소스, 설탕을 넣고 설탕이 녹을 때까지 잘 섞는다.

가리비 껍데기에 파 기름 혼합물을 골고루 나눠 담는다.

숯불 그릴의 숯이 작은 불꽃을 튀기며 빨갛게 빛나면 가리비를 올린 다음 완전히 익을 때까지 5~7분간 굽는다.

튀긴 샬롯과 구운 땅콩을 올린다.

라이스페이퍼에 싸 먹는 생선구이 • 2인분

우럭, 농어, 도미, 가자미와 같은 단단한
　흰살생선 1마리(400~600g),
　내장을 제거해 손질한 것
얇은 쌀국수(버미셀리) 100g
바닷소금
식물성 기름, 바르는 용도
튀긴 샬롯 2TS(180쪽 참조)
구운 땅콩 30g(181쪽 참조)
파 기름 50ml(177쪽 참조)
느억맘 디핑소스 80ml(176쪽 참조)
당근과 무 피클 50g(179쪽 참조)
중간 크기의 원형 라이스페이퍼 12장

곁들임

베트남 민트 1단
민트 1단
차조기 1단
파인애플 ½개, 껍질과 심을 제거해 얇게
　썬 것
미니오이 2개, 막대 모양으로 자른 것

베트남에서는 생선구이가 매우 흔하다. 오이, 파인애플과 함께 신선한 허브를
곁들여 다양한 맛과 식감을 즐기기도 한다. 이 레시피에서는 대구를 사용했지만
다양한 종류의 단단한 흰살생선으로 대체할 수 있다. 손질하기 어렵다면 생선 필레를
사용해도 된다.

생선을 도마 위에 놓는다. 생선 꼬리 쪽에 날카로운 칼을 찔러 넣고 등뼈에 바짝 붙인
다음 꼬리부터 배 지느러미까지, 배 안쪽을 따라 조심스럽게 칼집을 낸다. 생선을 뒤집어
반대쪽도 칼집을 내 나비 모양으로 펼친다. 가위로 등뼈 전체를 잘라 제거하고 머리와
꼬리는 그대로 둔다. 남은 뼈와 가시를 모두 제거하고 칼로 머리를 가른다. 생선을
납작하게 펼쳐 지느러미를 다듬는다.

숯불 그릴을 준비하거나 바비큐 그릴을 강불로 예열한다. 또는 오븐을 180℃로
예열한다.

포장지에 적힌 지침에 따라 국수를 삶는다. 건져서 찬물에 헹궈 물기를 뺀다.

큰 접시에 곁들임 재료를 담는다.

숯불 그릴의 숯이 작은 불꽃이 튀기며 빨갛게 빛나면 생선 양면을 소금으로 간하고
기름을 바른다. 그릴에 생선 껍질이 닿게 올리고 껍질이 바삭해질 때까지 5~7분간
굽는다. 뒤집어서 생선이 완전히 익을 때까지 5~7분간 더 굽는다.

구운 생선은 껍질이 위로 가게 접시에 담고, 튀긴 샬롯, 구운 땅콩, 파 기름을 뿌린다.
볼에 느억맘과 피클을 넣어 잘 섞은 다음 2개의 소스 그릇에 나눠 담는다.*

식탁 중앙에 물이 담긴 큰 그릇을 두고 국수, 소스, 라이스페이퍼, 곁들임 재료, 생선을
차린다. 라이스페이퍼를 물에 살짝 적셔 접시에 펼친다. 허브 약간, 파인애플, 오이,
생선을 올려 단단하게 만 다음 피클과 느억맘을 섞은 소스에 찍어 먹는다.

* 전통적으로 이 요리는 발효 멸치 소스인 맘넴Mắm nêm을 곁들여 먹는데, 모험을
즐기지 않는 사람들에게는 추천하지 않는다! 도전하고 싶다면 183쪽의 레시피를
확인하자.

CÁ
NƯỚNG
CUỐN
BÁNH
TRÁNG

까 느엉 꾸온 바인짱

MỰC NƯỚNG MUỐI ỚT
믁느엉 무오이 엇

고추 소금을 뿌린 오징어구이 • 4인분

통오징어 500g 2마리,
　　몸통과 다리를 분리한 것
식용유 스프레이
풋고추 디핑소스(182쪽 참조), 서빙용

고추 소금

홍고추 50g
마늘 2쪽
바닷소금 30g

곁들임

민트 ½단
베트남 민트 ½단
버터헤드 양상추 1개, 잎만 딴 것(선택)

나는 기회가 될 때마다 오징어 낚시를 즐긴다. 이 요리는 바다에서 갓 잡아 올린 오징어를 가장 맛있게 먹는 방법이다. 숯불 그릴에서 굽기만 하면 되는 아주 쉬운 요리인데, 숯불은 오징어의 풍미와 단맛을 유지하는 데 도움이 된다. 꼭 시도해보라!

오븐을 100°C로 예열한다. 베이킹 트레이에 유산지를 깐다.

고추 소금을 만들기 위해 절구에 고추와 마늘을 넣고 빻아 페이스트를 만든다. 소금을 넣고 잘 섞일 때까지 빻는다. 트레이에 고추 소금을 고루 편 다음 오븐에 넣어 20분간 건조시킨다. 소금이 타지 않고 일정하게 마르도록 5~7분마다 소금을 섞어가며 다시 펼친다. 오븐에서 꺼내 식힌다.

숯불 그릴을 준비하거나 바비큐 그릴을 강불로 예열한다. 오징어에 식용유를 살짝 뿌리고 고추 소금을 뿌린다.

숯불 그릴의 숯이 작은 불꽃이 튀기며 빨갛게 빛나면 오징어를 올린다. 살이 하얗게 변할 때까지 앞뒤로 각각 3~5분간 굽는다. 오징어를 너무 오래 익히면 질겨지니 주의한다.

구운 오징어를 접시에 담고 허브, 양상추, 풋고추 디핑소스와 함께 식탁 중앙에 놓는다. 오징어 몸통은 링 모양으로, 다리는 작은 조각으로 썬다. 민트와 양상추에 오징어를 싸서 풋고추 디핑소스에 찍어 먹는다.

저녁 식사 DINNER

저녁 식사 시간은 가족들이 함께 모여 푸짐한 식사를 나누는 한때다. 수프 그리고 가장 중요한 찐 밥과 함께 다양하고 맛있는 요리를 먹는다. 사랑하는 사람들이 둘러앉아 하루의 이야기를 나누고 서로의 안부를 묻는 이 시간을 나는 가장 좋아한다. 가족의 저녁 식탁에는 항상 한두 가지의 고기 또는 해산물 요리가 올라간다. 닭고기 생강찜(가 싸오궁)이나 돼지고기를 채운 토마토(까 쭈어 뇨이 팃) 같은 요리, 공심채볶음(라우무옹 싸오뜨엉) 같은 채소 반찬과 찐 밥 그리고 동아 새우 수프(까인 똠 비다오) 같은 국물이 함께 나온다. 모두가 요리를 조금씩 나눠 먹는 이 시간은 웃음소리와 이야기 나누는 소리, 아이들이 놀며 싸우는 소리가 어우러지는 공동의 일상사다! 저녁 식사 후에는 모두가 스쿠터를 타고 디저트를 먹으러 나가는 일이 흔하다. 코코넛을 곁들인 바나나튀김(쭈오이 찌엔 즈어)과 과일 칵테일(쩨 타이) 같은 디저트는 하루를 달콤하게 마무리하는 완벽한 방식이다.

GỎI ĐU ĐỦ
TÔM THỊT
고이 두두 똠팃

새우 돼지고기 그린 파파야 샐러드 · 4-6인분

삼겹살 200g
바닷소금
식물성 기름 1L, 튀김용
새우칩 16개
중간 크기 새우 12마리, 껍질과 내장을
　제거해 익힌 것
작은 그린 파파야 ½개, 채 썬 것
태국 바질 1단, 잎만 딴 것
차조기 1단, 얇게 썬 것(선택)
베트남 민트 1단, 잎만 딴 것
낭근과 무 피클 100g(179쪽 참조)
구운 땅콩 3TS(181쪽 참조)

느억맘 드레싱
느억맘 디핑소스 200ml(176쪽 참조)
마늘 2쪽, 다진 것
새눈고추 2개, 얇게 썬 것

그린 파파야는 동남아시아 전역에서 샐러드에 흔히 사용되는데, 이 베트남 전통
요리도 예외는 아니다. 간단하고 맛있으며 다양한 식감으로 가득한 요리를 소개한다.

냄비에 삼겹살을 넣고 찬물을 가득 채운다. 소금으로 간하고 완전히 익을 때까지 20분간
삶는다. 고기를 건져서 얼음물에 담가 더 이상 익지 않도록 한다. 키친타월로 물기를
제거한 후 얇게 썬다.

작은 볼에 느억맘 드레싱 재료를 넣고 섞는다.

큰 냄비에 기름을 두르고 중강불에 올려 180℃로 가열한다. 새우칩 몇 개를 기름에
넣고 부풀어 올라 2배로 커질 때까지 몇 초간 튀겨 건진다. 키친타월을 깐 접시에 올려
기름기를 제거한다.

큰 볼에 새우, 돼지고기, 파파야, 허브, 피클을 넣고 드레싱을 뿌려 버무린다.

큰 접시에 샐러드를 담고 구운 땅콩을 뿌린 다음 새우칩을 둘러 담는다.

데친 닭고기 콜슬로 • 4인분

POACHED CHICKEN SLAW

레몬그라스 줄기 2개, 흰 부분만 으깬 것
홍고추 4개
큰 닭가슴살 4개
식물성 기름 2L, 튀김용
새우칩 16개
느억맘 디핑소스 200ml(176쪽 참조)
튀긴 샬롯 30g(180쪽 참조)

콜슬로 ·

양배추 200g, 얇게 썬 것
적양배추 100g, 얇게 썬 것
당근과 무 피클 150g(179쪽 참조)
민트 1단, 잎만 딴 것
베트남 민트 1단, 잎만 딴 것
차조기 1단, 잎만 딴 것

이 요리는 모든 사람을 만족시키는 베트남식 샐러드다. 빠르게 만들 수 있고 맛도 뛰어나다.

큰 냄비에 물 2L, 레몬그라스, 고추 1개를 넣고 중강불에 올려 끓인다. 물이 끓어오르면 닭고기를 넣고 완전히 익을 때까지 30분간 끓인다. 닭이 익었는지 확인하기 위해 가슴살의 가장 두꺼운 부분에 꼬치를 꽂는다. 맑은 육즙이 나오면 닭이 익은 것이다. 닭고기를 건져 식히고, 레몬그라스와 고추는 버린다.

큰 냄비에 기름을 두르고 중강불에 올려 180℃로 가열한다. 새우칩 몇 개를 기름에 넣고 부풀어 올라 2배로 커질 때까지 몇 초간 튀겨 건진다. 키친타월을 깐 접시에 올려 기름기를 제거한다.

닭은 껍질을 제거하고 결대로 잘게 찢는다

남은 고추는 얇게 썬다.

접시에 콜슬로 재료를 섞어 담고 찢은 닭고기를 올린다. 콜슬로에 느억맘을 뿌린 다음 새우칩을 둘러 담고 고추와 튀긴 샬롯을 올린다.

GỎI BÒ
TÁI
CHANH

고이 보 따이 짜인

소고기 안심 또는 등심 800g,
　얇게 썬 것
레몬즙 300ml
미니오이 1개, 세로로 반으로 잘라
　어슷썰기한 것
베트남 민트 1단, 잎만 딴 것
적양파 1개, 얇게 썬 것
당근과 무 피클 150g(179쪽 참조, 선택)
튀긴 샬롯 3TS(180쪽 참조)
구운 땅콩 3TS(181쪽 참조)

세비체 드레싱

느억맘 디핑소스 100ml(176쪽 참조)
새눈고추 3개, 얇게 썬 것
마늘 2쪽, 다진 것
라임즙 30ml, 갓 짜서 체에 거른 것

이 샐러드는 레몬의 시트러스 풍미가 돋보이는 소고기 세비체다. 원한다면 소고기를 살짝 데친 후 레몬즙과 함께 버무려도 좋다.

스테인리스 볼에 소고기를 넣고 레몬즙을 붓는다. 고기가 완전히 코팅되도록 잘 섞는다. 레몬즙이 고기를 부분적으로 익힐 수 있게 7~10분간 따로 둔다.

작은 볼에 세비체 드레싱 재료를 넣고 섞는다.

소고기에 담은 레몬즙을 덜어내고 볼에 담는다. 오이, 민트, 양파, 피클(사용하는 경우)을 넣고 잘 섞은 다음 드레싱을 뿌려 버무린다. 접시에 담아 튀긴 샬롯과 구운 땅콩을 올린다.

THỊT
KHO

팃코

베트남식 돼지고기조림 • 4-6인분

돼지고기 삼겹살 1kg, 가로세로 3cm로
　깍둑썰기한 것
대파 2개, 흰 부분만 가볍게 으깬 것
마늘 2쪽, 다진 것
피시소스 200ml + 필요 시 여분
캐스터(극세)설탕 150g + 필요 시 여분
식물성 기름, 튀김용
영 코코넛주스 2개
달걀 4개
채스민쌀(안남미), 찐 밥, 서빙용

고명

대파, 얇게 썬 것
백후춧가루 1자밤

틧코는 겨울철 내 영혼을 따뜻하게 해주는 요리다. 나에게 사랑과 위안을 주는
이 음식은 어렸을 때 어머니가 뗏 축제 기간에 가족을 위해 커다란 냄비에 요리하던
추억을 떠올리게 한다. 내 인생에 마지막 식사 한 끼만 남았다면 찐 쌀밥과 함께 먹는
틧코 한 그릇을 고르겠다.

큰 냄비에 물을 끓여 돼지고기를 넣고 10~15분간 삶는다. 고기를 건져 흐르는 찬물에
헹군다.

큰 볼에 파, 마늘, 피시소스 2TS, 설탕 1TS을 넣고 설탕이 녹을 때까지 잘 섞는다.
돼지고기를 넣고 버무린 다음 냉장고에 넣어 최소 4시간 이상, 가급적 하룻밤 동안
재운다.

큰 냄비에 기름 2TS과 남은 설탕을 넣고 중불에 올린다. 설탕이 캐러멜화 되어 황금빛
갈색이 될 때까지 4~6분간 계속 젓는다. 고기와 재운 양념을 함께 넣고 캐러멜이 잘
섞이도록 재빨리 섞는다.

남은 피시소스를 넣고 잘 섞는다. 코코넛주스를 넣고 돼지고기가 잠길 만큼의 찬물을
붓는다. 고기가 완전히 부드러워질 때까지 1시간~1시간 30분 동안 조린다. 필요하면
피시소스와 설탕을 추가해 간한다.

그동안, 냄비에 물을 끓여 달걀을 조심스럽게 넣는다. 노른자가 완전히 익기 전까지 6분
30초간 삶아 건진다. 얼음물에 담갔다가 껍질을 벗긴다.

큰 냄비에 기름 1L를 넣고 중강불에 올려 180℃로 가열한다. 삶은 달걀을 조심스럽게
기름에 넣고 노릇해질 때까지 2~3분간 튀겨 건진다. 키친타월을 깐 접시에 올려
기름기를 제거한다.

개인 접시에 삼겹살과 졸인 국물을 나눠 담는다. 달걀을 반으로 잘라 고기 옆에 담고 파,
백후춧가루를 살짝 뿌린다. 재스민라이스를 곁들인다.

돼지고기를 채운 토마토 · 4인분

PORK-STUFFED TOMATOES WITH DILL

큰 토마토 6개
식물성 기름 3TS
마늘 2쪽, 다진 것
샬롯 3개, 얇게 썬 것
피시소스 2TS
캐스터(극세)설탕 1TS
대파 1개, 얇게 썬 것, 고명용
딜 줄기 2개, 잎만 딴 것, 고명용
고수 잎, 고명용
재스민쌀(안남미), 찐 밥, 서빙용

돼지고기 소

돼지고기 500g, 다진 것
샬롯 1개, 다진 것
대파 2개, 얇게 썬 것
마늘 2쪽, 다진 것
백후춧가루 1자밤
목이버섯 3개, 다진 것
당면 50g, 찬물에 1시간 동안 불려
　물기를 빼고 짧게 자른 것
피시소스 2TS
캐스터(극세)설탕 1TS

베트남 북부의 껌반퐁com văn phòng 식당에서 흔히 볼 수 있는 요리다. 껌반퐁은 오후까지 든든한 식사를 저렴하게 먹길 원하는 직장인에게 값싸고 다양한 음식을 제공하는 곳이다. 이 요리는 만드는 법이 간단해서 긴 하루를 마친 후 저녁 식사로도 인기가 높다. 나는 밥 위에 소스를 듬뿍 얹어 먹는 것을 좋아한다.

볼에 돼지고기 소의 모든 재료를 넣고 섞는다.

토마토는 꼭지 부분 단면을 잘라내고 속을 파낸 다음 파낸 속을 다른 볼에 담는다. 손질한 토마토 중 2개만 잘게 썰어 토마토 속과 함께 섞는다.

남은 토마토 4개에 숟가락으로 돼지고기 소를 꼼꼼히 채우고, 재료가 토마토 안에 잘 고정되도록 단단히 누른다.

뚜껑이 있는 큰 팬에 기름을 두르고 중강불에 올린 다음 토마토를 파낸 부분이 팬 바닥에 닿게 올린다. 단면이 갈색이 될 때까지 7~10분간 구워 덜어둔다.

팬에 마늘과 샬롯을 넣고 부드러워질 때까지 5분간 볶는다. 토마토 속과 잘게 썬 토마토 혼합물을 넣고 중불에서 30분간 끓인 다음 피시소스와 설탕으로 간한다. 소를 채운 토마토를 다시 팬에 넣고 뚜껑을 덮는다. 돼지고기가 완전히 익고 토마토를 눌렀을 때 단단한 느낌이 들 때까지 15분간 익힌다.

접시에 토마토와 소스를 담고 파, 딜, 고수를 뿌린 다음 재스민라이스를 곁들인다.

CÀ
CHUA
NHỒI
THỊT

까 쭈어 뇨이 팃

RAU MUỐNG XÀO TƯƠNG

라우무옹 싸오 뜨엉

공심채볶음 • *4인분*

식물성 기름 2TS
마늘 2쪽, 다진 것
홍고추 1개, 길게 반으로 자른 것
공심채 500g
발효된 노란 콩(청국장 또는 낫토) 1ts

간단하지만 정말 맛있는 요리다! 공심채볶음은 껌반퐁에서 자주 제공되는 환상적인 건강 반찬이다. 또한 푸짐한 대가족 밥상에 올려 나눠 먹기도 한다.

웍을 강불에 올리고 식물성 기름을 두른다. 기름에서 연기가 나면 마늘, 고추, 공심채를 넣고 재빨리 볶는다.

물 2TS과 발효된 콩을 추가한다. 콩을 골고루 섞은 다음 접시에 담는다.

대하 4마리, 껍질과 내장을 제거한 것
피시소스 2TS + 취향에 따라 여분
캐스터(극세)설탕 1TS
　+ 취향에 따라 여분
백후춧가루 1ts + 고명용 여분
대파 2개, 얇게 썬 것 + 고명용 여분
동아(동과) 500g, 껍질을 벗겨
　가로세로 2cm로 깍둑썰기한 것

이 수프는 이 챕터의 모든 밥 요리와 완벽한 조화를 이룬다. 가볍고 은은한 국물에는 동아와 새우의 단맛이 어우러져 있다. 베트남에서는 밥 요리와 함께 수프가 제공되는 경우가 많은데, 다양한 맛 사이에서 입맛을 정리해주는 역할을 한다.

칼로 새우를 가볍게 으깬 다음 굵게 다진다. 볼에 새우, 피시소스, 설탕, 후춧가루, 파를 넣고 잘 섞는다.

중간 크기의 냄비에 물 1.5L를 붓고 중불에서 끓인다. 동아를 넣고 20분간 끓인다.

새우 혼합물을 수프에 천천히 넣고 피시소스와 설탕으로 간을 맞춘다. 15분간 더 끓인다.

수프를 그릇 4개에 나눠 담으며 동아와 새우를 균등하게 분배하고, 파, 후춧가루를 올린다.

CANH
TÔM
BÍ ĐAO
까인 똠 비다오

닭고기 생강찜 • 4인분

BRAISED CHICKEN IN GINGER

닭 1마리(1.8kg)
식물성 기름 2TS
생강 150g, 껍질을 벗기고 채 썬 것
고운 캐스터(극세) 설탕 50g
  + 필요 시 여분
피시소스 80ml + 필요 시 여분
백후춧가루 1ts
홍고추 2개, 슬라이스한 것
고수 잎 1줌
재스민쌀(안남미), 찐 밥, 서빙용

아버지가 가장 잘 만드는 요리다. 아버지는 요리를 자주 하진 않지만, 할 때마다 매번 뛰어난 실력을 발휘한다. 내가 스토브 옆에 의자를 두고 올라서면 아버지가 요리하는 법을 설명해주던 기억이 난다. 아버지는 내게 생강을 직접 우려내는 것의 중요성과 뼈가 붙어 있는 닭고기가 더 맛있다는 사실을 알려주었다. 나는 이 요리를 갓 찐 재스민라이스 한 그릇과 함께 먹는 것을 좋아한다. 먹을 때마다 마음이 편해지는 음식이다!

칼로 닭의 가슴뼈를 갈라 반으로 자른다. 허벅지 부분을 분리해 3~4개의 작은 조각으로 나눈다. 가슴 부위에서 날개를 분리하고 끝부분을 제거한다. 마지막으로 가슴 부위를 5~6조각으로 자른다.

뚜껑이 있는 크고 깊은 팬에 기름과 생강을 넣고 중불에 올린다. 생강이 노릇노릇해질 때까지 2~3분간 볶은 다음 생강을 건진다. 키친타월이 깔린 접시에 생강을 올리고 기름기를 제거한다.

생강 기름에 설탕을 넣고 약불로 가열한다. 기름과 설탕이 황금빛 캐러멜소스가 될 때까지 7~10분간 계속 저어가며 끓인다. 캐러멜이 타면 쓴맛이 날 수 있으니 주의한다.

닭고기를 팬에 넣고 닭고기와 캐러멜소스가 팬 바닥에 눌어붙지 않도록 재빨리 섞어가며 볶는다.

중약불로 줄여 볶은 생강, 피시소스를 넣는다. 닭고기에 소스가 잘 묻도록 계속 버무린 다음 닭고기가 완전히 익을 때까지 뚜껑을 덮고 30분간 가열한다. 필요하면 설탕과 피시소스를 추가해 간을 맞춘다.

닭고기를 그릇에 나눠 담고 후춧가루를 뿌린 다음 고추와 고수를 올린다. 재스민라이스를 곁들인다.

GÀ
XÀO
GỪNG

가 싸오 긍

LẨU 러우

닭 육수 2L(34쪽 참조)
바닷소금 2ts
캐스터(극세)설탕 2ts
고수 잎 1줌
대파 3개, 얇게 썬 것
에그누들 500g

채소

만가닥버섯 200g,
　몇 덩이로 분리한 것
느타리버섯 200g
공심채 200g
청경채 2단, 4등분한 것

육류 및 해산물

오징어 몸통과 다리 200g,
　몸통에 칼집을 넣은 것(선택)
새우 12마리, 껍질과 내장을 제거한 것
청게 4마리, 익힌 것
소고기 등심(와규 추천) 300g,
　아주 얇게 썬 것
피시볼 12개*
비프볼 12개*
어묵 6개*

디핑소스

해선장 125ml
사테소스 80g(시판 제품)
스리라차칠리소스 1TS
라임 1개, 즙

핫팟은 베트남 사람들이 가장 즐겨 먹는 음식 중 하나다. 더운 나라에서 이런 요리는 인기가 없을 거라고 생각할 수 있지만, 다양성과 간편함 덕분에 많은 사람이 좋아한다. 육수는 취향에 맞게 조절할 수 있고, 제철 재료는 무엇이든 사용할 수 있다.

핫팟은 식탁 중앙에 냄비를 올려두고 다양한 재료를 국물에 넣어 익혀 먹는 요리다. 보통 여러 사람이 모여 음식을 천천히 나눠 먹으며 대화를 나누고 맥주를 마신다.

핫팟은 내가 가장 좋아하는 요리다. 즉석에서 원하는 대로 조리하는 것도 좋고, 국수, 수프, 고기, 채소 등 좋아하는 것을 조금씩 맛볼 수 있다는 점도 마음에 든다.

이 레시피에는 식탁 중앙에 놓을 수 있는 휴대용 버너가 필요하다.

큰 볼에 디핑소스 재료를 넣고 섞은 다음 종지에 나눠 담는다.

식탁 위에 버너를 올리고 큰 냄비에 닭 육수를 부어 중불에 올린다. 소금과 설탕으로 간하고 고수와 파를 넣는다.

접시에 익히지 않은 재료를 담고, 고기와 해산물은 분리해 담은 다음 식탁 곳곳에 둔다.

국물이 끓으면 각자 원하는 재료를 선택해 익혀 먹는다.

다음은 재료의 크기에 따른 대략적인 조리 시간이다.

• 에그누들: 5~8분
• 버섯: 5~7분
• 공심채, 청경채: 3~7분
• 오징어: 4~5분
• 새우: 3~5분
• 청게: 익힌 것이므로 데우기만 하면 완성
• 소고기 등심: 1분
• 피시볼, 비프볼, 어묵: 데우기만 하면 완성

* 피시볼, 비프볼, 어묵은 아시아 슈퍼마켓에서 구입할 수 있다.

베트남 과일 칵테일 • 4-6인분

잭푸르트 통조림 565g
용안(롱간) 통조림 565g
토디팜 통조림 565g
선초 젤리(그래스 젤리) 통조림 530g,
  깍둑썰기한 것
코코넛크림 500ml
얼음, 서빙용

모조 석류 씨

마름열매(물밤, 워터체스트너트) 통조림
  100g
빨간색 식용 색소 몇 방울
타피오카가루 100g

유명한 과일 칵테일의 베트남 버전인 이 음료는 달콤한 기분 전환이 필요할 때 완벽하게 당을 충전해준다. 잭푸르트, 용안, 토디팜, 선초 젤리 통조림은 모두 아시아 슈퍼마켓에서 쉽게 구할 수 있다.

모조 석류 씨를 만들기 위해 마름열매를 실제 석류 씨처럼 작게 깍둑썰기한다. 그릇에 빨간색 식용 색소 몇 방울을 뿌린다. 다진 마름을 코팅하듯 잘 섞어 30분 동안 그대로 둔다.

냄비에 물을 넣고 끓인다.

볼에 타피오카가루와 붉은 마름열매 조각을 넣고 섞는다. 여분의 가루를 털어낸 다음 끓는 물에 넣고 마름열매가 떠오를 때까지 약 2~3분간 익힌다. 마름열매를 건져 얼음물에 담가 더 익지 않도록 식힌다. 건져서 물기를 뺀다.

모든 과일 통조림은 시럽을 체에 걸러 볼에 담는다. 잭푸르트는 한입 크기로 대충 찢는다.

컵에 과일을 나눠 담고 과일 시럽을 붓는다. 선초 젤리와 모조 석류 씨를 올린 다음 코코넛크림을 붓고 얼음을 넣는다.

CHÈ
THÁI 째 타이

CHÈ BA
MÀU 째바 마우

식용유 스프레이
코코넛크림 500ml
얼음, 서빙용

판단 젤리

판단 색소 1ts(추출물)
캐스터(극세)설탕 110g
한천가루 2TS

붉은 강낭콩

붉은 강낭콩 통조림 400g
캐스터(극세)설탕 110g

녹두

녹두 200g, 찬물에 하룻밤 불린 것
캐스터(극세) 설탕 3TS

'삼색' 디저트 째는 베트남에서 인기 있는 달콤한 길거리 음식이다. 쌀국수 한 그릇을 든든하게 먹은 후 또는 식사의 완벽한 마무리로 즐겨 보길!

20×5×5cm 크기의 스텐 사각 트레이(베이킹 틀)에 식용유를 뿌린다.

판단 젤리를 만들기 위해 냄비에 재료와 물 1L를 넣는다. 중불에서 설탕이 녹을 때까지 계속 저어가며 끓인다. 체에 걸러 사각 트레이에 담은 다음 냉장고에 넣고 1시간 이상 굳힌다.

냄비에 강낭콩과 통조림 국물, 설탕, 물 250ml를 넣고 중불에서 끓인다. 끓어오르면 약불로 줄여 30분간 끓인 다음 식힌다.

그동안 불린 녹두와 물 300ml를 냄비에 넣고 중불에 올린다. 끓어오르면 부드러워질 때까지 20분간 끓인다. 건져서 물기를 뺀 다음 볼에 담고 설탕을 섞는다. 블렌더에 넣고 부드러운 페이스트가 될 때까지 간다.

도마 위에 굳은 판단 젤리를 뒤집어 꺼내고 톱니 모양 칼로 사방 5mm 너비로 깍둑썰기한다.

긴 유리잔에 판단 젤리, 강낭콩, 녹두를 층층이 쌓는다. 코코넛크림을 살짝 뿌리고 얼음을 넣는다.

솔티드 캐러멜을 곁들인 아이스크림튀김 · 8인분

솔티드 캐러멜 아이스크림 70g × 8스쿱
와플(완제품) 500g
일반(다용도) 밀가루 150g
달걀 3개, 가볍게 푼 것
식물성 기름 2L, 튀김용

솔티드 캐러멜
캐스터(극세)설탕 220g
버터 90g
크림 140ml
바닷소금 1½TS

베트남 이민자들이 호주로 가져온 아이스크림 튀김이다. 몇 년 전 동생이 학교 과제에서 이 맛있는 디저트를 언급했는데, 선생님은 비웃으며 "아이스크림을 튀길 수는 없어!"라고 말했다. 지금은 과연 누가 웃고 있을지!

이 레시피는 이틀 전부터 준비해야 한다.

큰 베이킹 트레이에 유산지를 깐다. 스쿱으로 아이스크림을 떠서 트레이에 재빨리 올린 다음 냉동실에 넣고 하룻밤 동안 얼린다.

푸드프로세서에 와플을 모두 넣고 부스러기가 될 때까지 간다. 크고 얕은 그릇에 담는다.

다른 얕은 볼에 밀가루를 담고, 또 다른 볼에 푼 달걀을 담는다.

얼린 아이스크림을 한 번에 하나씩 밀가루에 넣고 재빨리 굴린다. 여분의 가루를 털어내고 달걀물에 담갔다 와플가루에 굴려 두껍게 코팅한다. 아이스크림에 와플가루를 단단히 눌러 붙인다(이렇게 하면 아이스크림이 흘러나오지 않고 잘 튀겨진다). 아이스크림볼을 냉동실에 넣고 하룻밤 동안 얼린다.

솔티드 캐러멜을 만들기 위해 소스팬에 설탕을 넣고 중불에서 설탕이 녹을 때까지 계속 저어가며 끓인다. 설탕이 액체가 되면 젓기를 멈춘다(계속 휘저으면 캐러멜이 결정화될 수 있다). 설탕이 진한 캐러멜색으로 변할 때까지 끓이다가 버터를 넣어 천천히 저어가며 섞는다. 크림을 넣고 불을 끈 다음 소금을 넣고 젓는다.

큰 냄비에 기름을 붓고 200℃까지 가열한다. 아이스크림볼을 하나씩 조심스럽게 넣고 노릇노릇해질 때까지 30~40초간 튀겨 건진다. 키친타월을 깐 접시에 올려 기름기를 제거한다.

작은 그릇에 아이스크림볼을 담고 솔티드 캐러멜을 넉넉히 뿌린다.

KEM CHIÊN

깸 찌엔

CHUỐI
CHIÊN DỪA 쭈오이 찌엔 즈어

코코넛을 곁들인 바나나튀김 · 4인분

COCONUT FRIED BANANA

바나나 4개
식물성 기름 2L, 튀김용
바닐라 아이스크림, 서빙용
솔티드 캐러멜(168쪽 참조), 서빙용
코코넛, 채 썬 것, 서빙용

반죽
일반(다용도) 밀가루 150g
쌀가루 90g
코코넛 15g, 잘게 썬 거
캐스터(극세)설탕 1TS
바닷소금 1자밤
탄산수 375ml
참깨 1TS

내가 가장 좋아하는 디저트 중 하나다. 한 접시 가득 먹을 수 있지만, 그건 그리 좋은 생각이 아닐 수 있다. 맛이 꽤 진하기 때문이다. 부드러운 바나나, 바삭한 튀김, 시원한 아이스크림, 달콤한 솔티드 캐러멜의 식감이 어우러져 완벽한 조화를 이루는 디저트를 어떻게 사랑하지 않을 수 있을까?!

큰 볼에 반죽 재료를 넣고 부드러워질 때까지 섞는다. 20~30분간 숙성한다.

바나나는 껍질을 벗기고 세로로 길게 반으로 자른다(바나나가 길면 먹기 좋은 크기로 다시 2~3등분한다). 바나나 반쪽을 랩 2장 사이에 끼워 넣고 손바닥으로 부드럽게 눌러 둥글납작한 모양으로 만든다.

납작해진 바나나를 랩에서 꺼낸 다음 반죽에 담가 반죽을 골고루 묻힌다.

큰 냄비에 기름을 붓고 중강불에 올려 180℃까지 가열한다. 바나나를 하나씩 넣고 가끔씩 뒤집어가며 노릇노릇해질 때까지 3~4분간 튀긴다.

접시에 바닐라 아이스크림 한 스쿱을 담고 솔티드 캐러멜, 채 썬 코코넛을 뿌린다.

캐스터(극세)설탕 175g + 서빙용 여분
에스프레소 60ml, 갓 내린 것
달걀 2개
달걀노른자 3개
풀크림 우유(전유) 250ml
저지방 크림(싱글 크림) 340ml
커피 원두 2ts, 살짝 으깬 것

이 요리는 고전적인 프랑스 디저트 '크렘 캐러멜'을 베트남식으로 재해석한 것으로 커피를 넣어 향이 일품이다. 가능하다면 베트남 커피를 사용해보라. 쭝응우옌(Trung Nguyen) 커피는 쉽게 구할 수 있는 브랜드이며, 내가 운영하는 레스토랑 퍼놈에서 사용하는 사이공 커피도 찾아보길. 베트남 커피를 구할 수 없다면 일반적인 에스프레소도 괜찮다.

소스팬에 설탕 100g과 물 60ml를 넣고 약불에 올려 설탕이 녹을 때까지 저어가며 끓인다. 중불로 올리고 설탕물이 황금색으로 변하며 캐러멜화 될 때까지 10~15분간 젓지 않고 끓인다. 커피를 붓고 저은 다음 약불에서 5분간 끓인다. 1인용 오븐 그릇인 래머킨 8개에 커피 캐러멜을 150ml씩 조심스럽게 붓는다.

오븐을 120℃로 예열한다.

볼에 달걀, 달걀노른자, 남은 설탕을 넣고 휘젓는다.

냄비에 우유, 크림, 원두를 넣고 가열한다(끓지 않도록 주의한다). 우유 혼합물을 체에 걸러 주둥이가 있는 병에 담는다. 달걀 혼합물을 계속 휘저으면서 우유 혼합물에 천천히 부어 커스터드를 만든다. 커스터드를 커피 캐러멜이 담긴 래머킨 8개에 나눠 담는다.

오븐용 깊은 트레이에 래머킨을 올리고 래머킨의 옆면이 반쯤 잠기도록 뜨거운 물을 충분히 붓는다. 완전히 굳을 때까지 오븐에서 40분간 굽는다(커스터드가 찰랑거리면서 단단해야 한다).

트레이에서 래머킨을 꺼내 냉장고에 최소 2시간 이상 또는 가능하면 하룻밤 동안 보관한다.

커피 캐러멜이 완성되면 래머킨의 가장자리를 칼로 살짝 도려낸 다음 뒤집어서 접시에 담는다.

까페 캐러멜

CÀ PHÊ
CARAMEL

베트남 요리의 기본

BASICS

느억맘
NƯỚC MẮM

느억맘 디핑소스 • 600ml

마늘 2쪽, 잘게 다진 것
새눈고추 3개, 얇게 채 썰거나
　슬라이스한 것
피시소스 150ml
화이트식초 100ml
캐스터(극세)설탕 140g

볼에 모든 재료와 물 200ml를 넣고 설탕이 녹을 때까지 젓는다.

완성된 느억맘은 밀폐 용기에 담아 냉장고에서 최대 2주 동안 보관할 수 있다

사테 사
SATE SẢ

레몬그라스 사테 • 약 1.5L

LEMONGRASS SATE

레몬그라스 줄기 6개, 흰 부분만 얇게
　썬 것
홍고추 15개, 얇게 썬 것
새눈고추 6개, 얇게 썬 것
양파 3개, 굵게 다진 것
마늘 12쪽
식물성 기름 1.5L
피시소스 150ml

이 사테는 상비하면 고기나 해산물을 굽기 전에 재워두거나 수프에 간단히 곁들일 수 있고, 디핑소스로 활용할 수 있어 유용하다. 레시피 분량대로 만들어서 남은 것은 소독한 밀폐 용기에 담아 냉장고에서 최대 6개월까지 보관할 수 있다. 나는 대량으로 만들어 친구들에게 선물하기를 좋아한다.

●

푸드프로세서에 레몬그라스, 홍고추, 새눈고추, 양파, 마늘을 넣고 각각 다진다.

면포에 다진 양파를 넣고 물기를 짠다.

큰 냄비에 기름을 붓고 약불에서 80℃까지 가열한다. 물기 짠 양파를 넣고 타지 않게 계속 저어가며 10분간 볶는다. 마늘을 넣고 5분간 볶은 다음 고추를 모두 넣고 20~30분간 볶는다. 레몬그라스와 피시소스를 넣고 사테가 짙은 붉은색이 될 때까지 20분간 볶아가며 끓인다.

완성된 사테 사는 완전히 식힌 다음 소독한 병에 담아 밀봉한다. 냉장고에서 최대 6개월까지 보관할 수 있다.

머하인
MỖ HÀNH

파 기름 · 125ml 분량
SPRING ONION OIL

대파 3개, 얇게 썬 것
바닷소금 1자밤
식물성 기름 100ml

스테인리스 볼에 파와 소금을 넣는다.

작은 소스팬에 기름을 넣고 150℃까지 가열한다. 볼에 담긴 파 위에 끓는 기름을 붓고 잘 젓는다. 사용할 때까지 그대로 두고 파의 풍미를 잘 우려낸다.

머하인은 만든 당일에 사용해야 한다.

버
BỜ

베트남 버터 · 400g
VIETNAMESE BUTTER

달걀노른자 4개
바닷소금 1자밤
식물성 기름 400ml + 필요 시 여분

푸드프로세서에 달걀노른자와 소금을 넣고 갈아 잘 섞는다.

푸드프로세서가 돌아가는 동안 기름을 아주 천천히, 얇고 일정한 흐름으로 추가한다. 기름과 섞이면서 버가 걸쭉하고 단단해져 부드러운 버터 같은 질감이 되어야 한다. 기름을 모두 넣었을 때 버가 걸쭉해지지 않는다면 한데 뭉칠 때까지 기름을 조금 더 추가한다.

완성된 버는 밀폐 용기에 담아 냉장고에서 2~3일 동안 보관할 수 있지만, 그전에 다 없어지지 않을까?

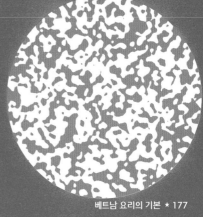

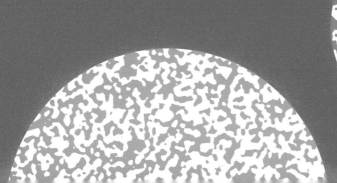

파테
PATE

닭 간 파테 • 1.5kg 분량

CHICKEN LIVER PATE

식물성 기름 50ml
닭 간 250g
양파 75g, 다진 것
마늘 50g, 다진 것
코냑 2TS
돼지고기 50g, 다진 것
돼지 비계 75g, 다진 것
달걀 1개
식빵 125g, 빵 껍질을 제거하고
    풀크림 우유(전유) 1L에 담가둔 것

팬에 기름 2TS을 두르고 중강불에 올린다. 닭 간을 넣어 옅은 황금색이 돌며 완전히 익을 때까지 3~5분간 굽는다. 팬에서 꺼내 따로 둔다.

같은 팬에 남은 기름을 두르고 양파를 넣어 향이 날 때까지 3~5분간 볶은 다음 마늘을 넣고 2~3분간 더 볶는다. 닭 간을 팬에 다시 넣고 가볍게 뒤섞는다. 코냑을 조심스럽게 붓고 (혼합물에 불이 붙을 수 있으므로 뒤로 물러서서) 알코올이 날아가 불꽃이 사라질 때까지 볶는다. 팬에서 꺼내 식힌다.

큰 볼에 식힌 닭 간 혼합물, 다진 돼지고기, 돼지 비계, 달걀, 빵과 우유를 넣고 잘 섞는다. 푸드프로세서에 넣고 부드러워질 때까지 간다.

오븐을 180℃로 예열한다. 25×12cm 베이킹 틀에 포일을 깔고 파테를 붓는다. 포일로 밀착시키며 덮는다.

오븐용 깊은 트레이에 틀을 올리고 틀이 반쯤 잠기도록 뜨거운 물을 충분히 붓는다. 트레이 전체를 포일로 덮고 오븐에서 1시간 동안 굽는다. 파테가 굳었는지 확인하고 단단하지 않으면 완전히 익을 때까지 다시 굽는다.

파테를 실온에서 완전히 식힌 다음 틀을 냉장고에 넣고 하룻밤 동안 굳힌다. 틀에서 파테를 꺼내 포일을 제거한다. 파테를 얇게 썰거나 작은 조각으로 자른 다음 밀폐 용기에 담는다. 냉장고에서 3~4일간 보관할 수 있다.

도쭈어
ĐÔ CHUA

당근과 무 피클 • 1.3kg 분량

PICKLED CARROT AND DAIKON

당근 1kg, 채 썬 것
무 300g, 채 썬 것

피클 국물*

화이트식초 150ml
캐스터(극세)설탕 100g

볼에 식초, 설탕, 물 100ml를 넣는다. 설탕이 녹을 때까지 저어 피클 국물을 만든다.

무와 당근을 흐르는 따뜻한 물에 5분간 헹군 다음 키친타월로 물기를 제거한다.
큰 플라스틱 용기나 스테인리스 볼에 옮긴다.

무와 당근에 피클 국물을 붓고 냉장고에 넣어 2일간 숙성해서 사용한다.

냉장고에서 최대 2주간 보관할 수 있다.

* 피클 국물에는 그린 파파야, 콜라비, 무와 같은 다른 재료를 넣어도 된다.

하인피
HÀNH PHI

튀긴 샬롯 • 50g 분량

식물성 기름 300ml
샬롯 4개, 얇게 썬 것

작은 소스팬에 기름을 넣고 170℃까지 가열한다.

기름에 샬롯을 넣고 샬롯이 잘게 부서지도록 계속 저으면서 황금빛 갈색이 될 때까지
7~8분간 튀긴다.

샬롯을 건져 키친타월을 깐 접시에 올리고 기름기를 제거한다. 포크 2개로 엉킨 샬롯을
재빨리 분리해 풀어준다. 덩어리가 있으면 잔열로 인해 탈 수 있다.

튀긴 샬롯은 밀폐 용기에 담아 2~3일간 보관할 수 있다.

자우또이
DẦU TỎI

마늘 기름 • 250ml 분량

GARLIC OIL

식물성 기름 200ml
마늘 10쪽, 다진 것

작은 소스팬에 기름을 넣고 70℃까지 가열한다.

기름에 마늘을 넣고 마늘이 잘게 부서지도록 계속 저으면서 연한 황금빛 갈색이
될 때까지 5분간 튀긴다. 불을 끄고 다른 용기에 담아 완전히 식힌다.

완성된 마늘 기름은 밀폐 용기에 담아 냉장고에서 최대 4일간 보관할 수 있다.

루옥똠
RUỐC TÔM

새우가루 · 60g 분량

PRAWN FLOSS

건새우 100g

건새우를 찬물에 3시간 또는 가능하면 하룻밤 동안 담가 불린다. 건져서 키친타월로 물기를 제거한다.

푸드프로세서에 새우를 넣고 곱게 간다.

큰 팬을 약불로 달군 다음 새우를 넣고 마를 때까지 10분간 계속 저어가며 볶는나.

밀폐 용기에 담아 서늘한 곳에서 최대 1주일간 보관할 수 있다.

다우퐁랑
ĐẬU PHỘNG RANG

구운 땅콩 · 100g 분량

ROASTED PEANUTS

생땅콩 100g, 껍질을 벗긴 것

오븐을 180℃로 예열한다.

베이킹 트레이에 땅콩을 올려 오븐에 넣는다. 타지 않는지 자주 확인하면서 황금빛 갈색이 될 때까지 10~15분간 굽는다.

식힌 다음 가볍게 으깬다.

으깬 땅콩은 밀폐 용기에 담아 서늘한 곳에서 1~2주간 보관할 수 있다.

느억맘 엇싸인
NƯỚC MẮM ỚT XANH

풋고추 디핑소스 • 약 150ml

풋고추 2개, 굵게 다진 것
마늘 2쪽, 굵게 다진 것
캐스터(극세)설탕 3TS + 필요 시 여분
라임즙 2TS, 갓 짠 것 + 필요 시 여분
피시소스 3TS + 필요 시 여분

블렌더에 모든 재료를 넣고 부드러운 소스가 될 때까지 간다.

단맛, 신맛, 짠맛, 매운맛 등 다양한 맛을 확인한다. 필요한 경우 설탕, 라임즙 또는 피시소스를 조금 더 넣어 간을 조절하거나 부족한 맛을 추가한다.

밀폐 용기에 담아 냉장고에서 2~3일간 보관할 수 있다.

다우 핫 디에우
DẦU HẠT ĐIỀU

아나토 오일 • 200ml 분량

ANNATTO OIL

식물성 기름 200ml
아나토 씨앗 1ts

작은 소스팬에 기름을 넣고 70℃까지 가열한다.

기름에 아나토 씨앗을 넣고 오일이 선명한 주황색으로 변할 때까지 5분간 끓인다.

불을 끄고 고운체에 걸러 식히고 씨앗은 버린다.

완성된 아나토 오일은 밀폐 용기에 담아 냉장고에서 2~3일간 보관할 수 있다.

맘넴
MẮM NÊM

맘넴 드레싱 • 500ml 분량

MAM NEM DRESSING

생강 20g
마늘 20g
홍고추 20g
파인애플 350g, 껍질과 씨를 제거해
  대강 썬 것
코코넛워터 100ml
맘넴(멸치소스) 150ml
레모네이드 150ml

블렌더에 생강, 마늘, 고추, 파인애플을 넣고 거친 페이스트가 될 때까지 간다. 소스팬에 페이스트와 나머지 재료를 모두 넣고 중불에 올린다. 소스가 약간 걸쭉해지고 향이 날 때까지 20~30분간 끓인다.

다른 용기에 담아 안전히 식을 때까지 따로 두었다가 밀폐 용기에 옮겨 냉장고에 넣어두면 2~3일간 보관할 수 있다.

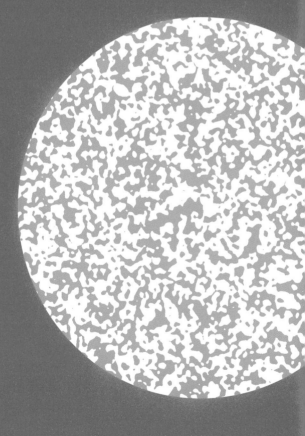

저자 소개

제리 마이Jerry Mai는 호주 멜버른에서 활동하는 베트남계 호주인 셰프다.
롱레인Longrain, 진저보이Gingerboy, 심스트레스Seamstress 등 멜버른 최고의 식당에서
20년간 경력을 쌓았다.

2009년 런던으로 건너간 제리는 미슐랭 스타 레스토랑인 남Nahm에서 세계적인 셰프
데이비드 톰슨David Thompson의 지도 아래 뛰어난 실력을 발휘했다. 이후 런던의
록스타들이 즐겨 찾는 유명 일식 레스토랑 주마Zuma로 활동 무대를 옮겼다. 해외에서의
경험을 통해 제리는 조리 기술을 한층 정교하게 다듬었고, 멜버른으로 돌아와 베트남
요리에 자신만의 독창적인 스타일을 접목해 호주에서는 볼 수 없었던 새로운 음식을
선보였다.

현재 캐주얼한 스트리트 푸드를 내는 퍼놈Pho Nom과 어머니의 레시피를 세련되게
재해석한 안남Annam, 두 개의 레스토랑에서 서로 다른 스타일의 베트남 음식을
소개하고 있다.

상세 목차

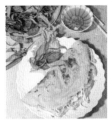
스트리트 푸드ON THE STREETS

점심 식사 LUNCH

비어 허이 BIA HOI

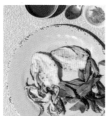

베트남 요리의 기본BASIC

VIETNAM: MORNING TO MIDNIGHT

original publisher Smith Street Books

smithstreetbooks.com

Copyright text ©Jerry Mai

Copyright design ©Smith Street Books

Copyright photography ©Chris Middleton

Copyright incidental photography ©Chris Middleton, Shutterstock, unsplash.com and Alamy

All rights reserved.

Korean translation copyright ©2025 by KL Publishing Inc.

Korean translation rights arranged with Smith Street Books Pty Ltd. through EYA Co., Ltd.

출판사 클의 책을
만나보세요.

베트남 요리 마스터 클래스
미슐랭 출신 셰프에게 배우는 베트남 현지 레시피

1판1쇄 펴냄 2025년 1월 22일

지은이 제리 마이
옮긴이 이주민

펴낸이 김경태
편집 조현주 홍경화 강가연
디자인 박정영 김재현 | **마케팅** 유진선 강주영 정보경
펴낸곳 (주)출판사 클
출판등록 2012년 1월 5일 제311-2012-02호
주소 03385 서울시 은평구 연서로26길 25-6
전화 070-4176-4680 | 팩스 02-354-4680 | 이메일 bookkl@bookkl.com

ISBN 979-11-94374-15-2 13590